周晓军 编

Day 1    Day 2    Day 3    Day 4    Day 5

# 五天学会手工皮革

### 皮革职人 **马骝** 老师倾心首作／远离皮坑

U0306908

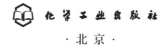
化学工业出版社

·北京·

**图书在版编目（CIP）数据**

五天学会手工皮革——皮革职人马骉老师倾心首作·远离皮坑/周晓军编.
北京：化学工业出版社，2016.4
ISBN 978-7-122-26450-3

Ⅰ.①五… Ⅱ.①周… Ⅲ.①皮革制品-制作 Ⅳ.①TS56

中国版本图书馆CIP数据核字（2016）第044444号

责任编辑：宋　辉　　　　　　　　　　　　　　　装帧设计：王晓宇
责任校对：宋　夏

出版发行：化学工业出版社(北京市东城区青年湖南街13号　邮政编码100011)
印　　装：北京彩云龙印刷有限公司
787mm×1092mm　1/16　印张11¹/₂　插页3　字数229千字　2016年5月北京第1版第1次印刷

购书咨询：010-64518888 (传真：010-64519686)　售后服务：010-64518899
网　　址：http://www.cip.com.cn
凡购买本书，如有缺损质量问题，本社销售中心负责调换。

定　　价：49.80元

从事手工皮革制作已有一段时间了，不经意一数下来，竟从二十多的青春年华做到现在已是三十有余，教过的学生就像列车般的来讨一拨，又走掉一拨，最初制作的教学皮具也从原色渐变成棕色，留下的只有岁月的痕迹。

在匠人生涯中，总有一些粉丝问我，由于经济上和时间上的无暇兼顾，能否推出一些线上的教程，例如视频、书籍或者一些语音讲座，每每至此，我总是无奈摇摇头，并非吝啬，而是这里面不可控的东西实在太多了。尤其对于一腔热情的新粉丝，他们往往犹如一张白纸，吸收能力最强，但也最容易被误导走偏。打基础一直都是最为重要的，虽说是一门兴趣，可总觉得不能担当误人子弟之罪名。但从开课进行培训以来，便开始逐步思考如何把教学与现场进行分离。

如此又经历几番春秋。这段期间，遇到了更多的朋友，有还没毕业的年轻人，怀着一腔热血，憧憬着成为著名的独立匠人，过着面朝大海春暖花开、自由自在的生活；有创业过程遇到挫折，希望开创手艺工作室或者原创品牌去二次进军的；还有身兼要职，位高权重的高管老总，希望寻求一个栖息休闲的宁静时刻……他们的共同烦恼几乎都是，怎么才能把这门手艺做得更好更牛。对此，我也甚是苦恼，因为马骝老师也和大家一样，每天都在苦苦探索怎么可以进一步提高。

所幸的是，经过几年的沉淀和思考，发现对于一些入门的技法和思考方式，还是能进行分享的。在这次教程书籍撰写中，马骝尝试保持一个初学者的心态去旁观自己的制作历程和想法，在细细梳理后，形成此番文本。在书中并没有刻意去制作一些华丽而别致的款式，采取的都是最为基本的技法和简约设计，并配套有限的思路点拨。希望能给大家一种"噢，原来这么复杂的设计是这样得来的"的感叹。

但是手艺活偏偏是一门慢艺术，它没有任何捷径可走，不是说看了几本书本或者添置一些新器材就有大跃进的。它需要时间的沉淀，对自我风格的追求，以及错误的改正。而这个状态就像骑自行车一样，只能意会不能言传。马骉愿意和大家一起体会和分享，在皮革制作的世界里一起成长。

最后，要感谢一直在制作过程中参与拍摄帮助的陈超茗女士、为后期图片调色调光的龚倩雯女士以及参与编写校对的陈清梅先生。

纸上得来终觉浅，要制作好的皮具，唯有不断的练习练习再练习。不说了，长江后浪来推前浪了，敲下此番文字后，马骉只能挑灯夜补也。

马骉

记于2016-3-18

# 目录

CONTENTS

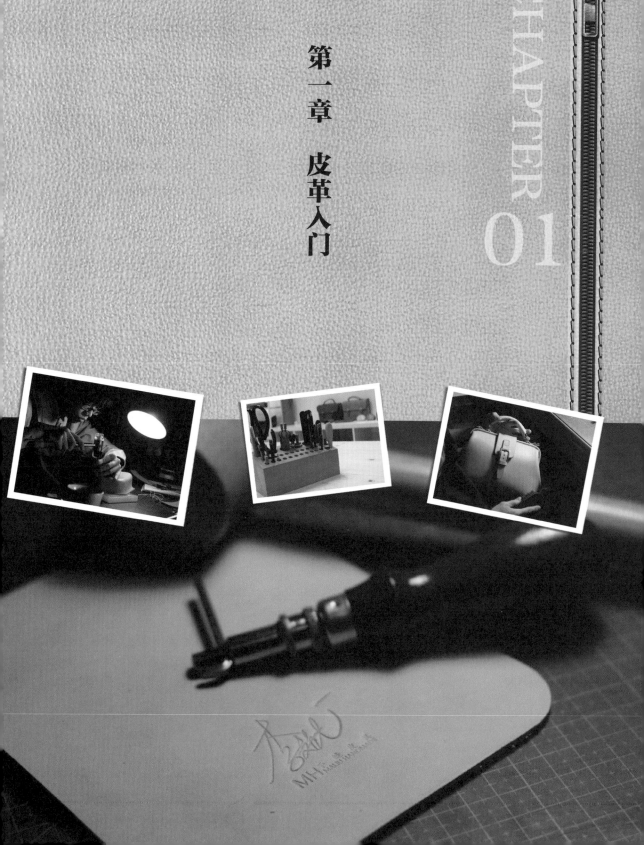

第一章 皮革入门

CHAPTER 01

很多喜欢手工皮具的朋友，尤其一些尚未接触过手工制皮的爱好者，都经常抱有怀疑的态度，这些纯手工应该很难制作吧？这其中必然要涉及到一些秘不可宣的传统技法；又或者是具备科班的审美和美术功力？还是得找专业的师傅跟着学习一年半载？

好了，停住！停住这些胡思乱想，让我们回归初心：做手工。手工皮革也是属于手工范畴里的一类作品。既然是手工，那么对专业性要求并不会过分苛刻，没有说制造皮具都得是传统皮具厂家或者设计师的私人工作室。

在成为独立职业人之前，马骝老师也是有很长一段在家玩皮子的岁月，正是这些零碎的、毫不起眼的碎片玩乐，在经历一次次的失败后，最终可以令人眼前一亮。所以啦，大家不必担心，不必刻意寻求名师指导，在学习此书掌握基本技法后，仅靠一些基础工具，在家就能制作出日常所需要用的皮具卡套、钱包甚至是一系列的公文包。姑且先让我们忘记是皮革，假设是布艺，制作一些布钱包、小挂包，一台小小缝纫机，一些碎布料，已经可以完成一个又一个的简单又美好的布艺制作，而这个大家都认为是可在家自学操作的。嗯，那么同样道理，我们只是把材质换成皮革而已。一切来得顺其自然而又简单。

作为一位全职皮艺匠人，马骝老师希望能把这些年累积的经验和乐趣分享给大家，并为有兴趣尝试动手或体验的读者，提供一些个人累积下来的经验之谈，以帮助大家少走弯路，尽快地享受制作和设计的乐趣。

数一数，手工皮革在手里也玩了六七个年头，在这些年的岁月中，在培训的教学课程中，马骝老师可以很负责地告诉大家，从完全不懂到初有小成，所需要的时间大概是五天左右。嗯，对的。五天光景，我们就能初窥这门手艺的门径了。现在是否信心满满的？是的话，跟着马骝老师一起来做准备吧。

# 第一节 手工皮具制作前的准备

## 1. 场地准备

首先，你得准备一张一米长的结实桌子，以便我们展开一系列的敲打锤切等活动，要是能淘到一些传统老实木桌子，手工制作的氛围更佳。但是最为关键的，是一张结实、粗大的桌子，玻璃面以及市面上刨花板面板的是不适用的。

## 2. 工具准备

这里先允许马骝老师给大家纠正一个误区：随着购买渠道的发达和邮政便捷，很多爱好者开始追求少见而又昂贵的工具，不少商家还乐不疲此地介绍到，这是爱马仕专用的，这是某某匠人独自研发的不传工具，要制作就先把工具配齐等。于是初学的小伙伴们先不管济事不济事，凑齐一套再说！似乎配全了就能做出大作。其实大可不必，在手工匠人眼里，任何工具都是好工具。不管价格高低贵贱，不管自己随意折腾还是高端进口，只要它适合我们某一个制作技巧，适合我们使用习惯，它就一个完美工具。

当然，那是不是说追求高端工具就不好呢？这是没有绝对之说的，在马骝老师看来，绝世宝剑固然能令武功增色不少，但练到上乘境界，落叶飞花亦皆可伤敌。内外兼修的话，固然是顶呱呱的。

好了，言归正传，制作皮具需要的工具让马骝老师为你——道来。

## 1. 菱斩

最具备特殊性的一种专用工具。需要借助此工具在皮革上敲压出一个个不同的孔径，以方便穿线缝合，也是最重要的工具之一。建议大家选购纯日本进口的ELLE或者CRAFT品牌的菱斩。此款工具齿目数量和间距各有规格，有1齿、2齿、4齿、6齿甚至10齿的，一般最常用的是2齿+4齿组合。基本可以完成所有的皮具走线要求。

**TIPS**

除了菱斩，还有平斩和洁斩，打出来的孔和菱斩全然不同，风格各异，这个可以留给读者们工艺娴熟后自我体验尝试，寻找最喜欢的风格。

## 2. 皮锤

除了配合菱斩进行打孔作用外，还可以用于皮面组合敲压结实或者一些五金件的安装敲压。为了不损伤其他铁制工具，锤子采用硬塑胶头的最适宜，不太建议铁或金属锤头。

### 3. 切割垫板

用于进行工艺操作的底板，承担各种裁剪，敲打的第一道防线。市面上品种繁多，常见的有台湾九洋的绿色垫板，内含白芯，能够反复进行切割。为了方便日后裁割大面积皮料，建议选购A2尺寸以上的垫板（60cm×45cm）。

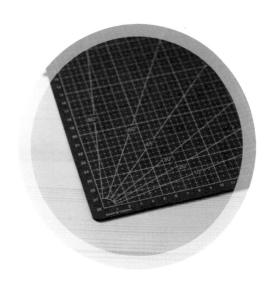

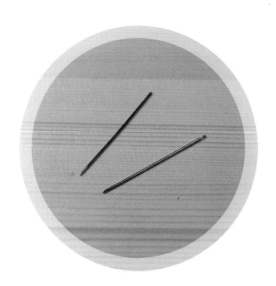

### 4. 皮革手缝针

可以选用日本手工皮革专用的圆头针，比国产尖头针贵一点，好处是针头经过处理，不会扎手；规格一般有小/中/大号，根据不同的粗细缝线而搭配不同大小的针。在制作上一般采用马鞍针双针法，所以配套型号的针也需要配备2根为一组。

### 5. 美工刀

简单易用的裁剪皮料工具，美工刀分大刀和小刀型号，一般来说裁剪薄的皮料可以选用小刀型号，厚重皮料用大刀会更加顺手。除一些特殊工艺外，美工刀基本可以满足所有的皮革裁剪操作。值得注意的是，刀片有常规和尖头30°的，采用尖头刀头在细节上更好把握。

### 6. 直尺

裁割皮料最直接的辅助工具，选择厚实，长度足够的最为适合。市面上还有一些铁尺，由于边缘实在太薄，很容易划出边缘，不建议大家使用。

### 7. 缝纫线

一般选用麻线或者尼龙线。麻线规格分为粗中细三种，尼龙线一般以股数进行粗细划分，从3股到21股皆有规格，是非常成熟的产品。推荐使用9/12股的制作手工皮具。

### 8. 塑料胶板/PP板

用于敲打冲子等尖锐工具，具备良好的承载冲击能力，大小厚度均可选择，根据不同厂家出品有不同厚度，一般需要20cm×10cm,厚度为15mm以上较为适合冲压操作。

### 9. 床面处理剂

其实就是传统CMC,一种白色粉末，需要兑水调剂，一般1∶20的温水调配比较适合。用于处理皮革的背面和边缘，以令到光滑抛光作用。

## 10. 胶水

用于皮革粘贴和局部修补，也是一种必不可少的常用品。常见的有黄胶、万能胶，其是酚醛树脂强力黏合剂，具备初黏性好，黏力迅速，黏强度高等特点；缺点是挥发性大并带有轻微刺激气味，是一种传统的补鞋专用胶水。另外一种是木工或皮革专用的白乳胶，黏性慢，黏力需要施压静止一段时间方能达到所需强度，但是却是环保无毒无刺激气味，某些品牌胶水还能直接接触食物，在日常制作中，任意选择其中一款胶水即可。

**辅助选购工具，想要作品更加完美，有它可以增色不少**

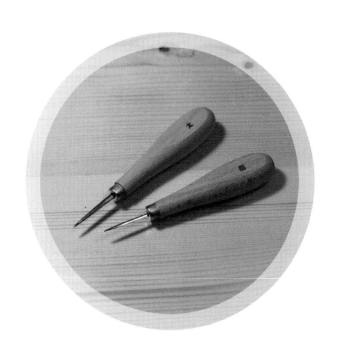

### 1. 锥子

用于辅助扎孔。锥子分圆锥子和菱锥子，圆锥子多为国产，特点是便宜和容易购买，扎出来孔径是圆形的；菱锥子为日本进口工具，价格比较昂贵但是较为锋利，扎孔和菱斩能够一致配合，并有大小型号选择。

## 2. 削边器

为皮革边缘削除多余的倒角以及边缘处理得更加圆滑。其实也是必不可缺的一种美化修边工具，鉴于有些朋友只是想保持最低成本尝试制作，故没有纳入基础工具中，如有兴趣深入研究的，可入手全型号的日制削边器。

## 3. 边线器

又名间距规，为菱斩冲压打孔前绘制出遵从的线迹，也可以采用铅笔划线代替，此工具操作起来更为简单便捷。

## 4. 上胶片

涂抹胶水时候的辅助工具，需要不断练习方能使用起来得心应手，初学者可以采用医用小棉签棒代替，效果同样。

## 5. 去胶片

又名生胶片。用于去除多余黄胶和皮革表面污染物，具有较强的保洁作用。在皮子边缘或者表面沾到黄胶，用此工具轻轻一擦便可磨走。

## 6. 平口钳子

一种开口宽平的铁钳子。多数用于皮革粘合后加固压平，能够帮助皮革的粘合，在部分口金粘合固定上也时常采用。

## 7. 剪刀

进行薄皮料的粗剪切以及圆角或弧线剪裁，尤其是内弧度等处理作用较为明显。

### 8. 皮革保护油

在制作前先给皮料加油脂，增加抗污能力，能够令皮面更加饱满。一般来说，采用牛脚油或者貂油居多，由于皮料也是天然的皮肤，所以采用一些凝固度较好的护手霜也是可以代替的。

### 9. 蜜蜡

用于皮革边缘抛光，封边之用，在一些日制没有处理过的麻线，还可用于给线加蜡，减少毛躁。

### 10. 圆冲

铁制的圆形冲子，可以在皮革上打压出不同尺寸的圆形孔径，尺寸从 1 ~ 20mm 皆不等，常用 8mm 以下，主要用于配备不同型号的针扣或者四合扣类组件进行开孔处理。

## 11. 半圆冲子

能够敲压出半圆形的冲子，原理和圆形冲子一样，较为常用是20cm/25mm尺寸。对于部分需要圆弧收尾的设计可省下不少工夫。

## 12. 打磨条

皮革边缘打磨的常用工具，给多层组合的皮革边缘进行磨平处理，粗细两面能够满足皮革作品边缘的基本打磨要求。

## 13. 打磨棒

一种实木制作的，带有不同凹槽的专门工具，配合床面处理剂使用，在皮革边缘来回磨蹭，能够形成一定亮度，加强边缘圆滑。

### 14. 燕尾夹

其实原本是一种常见的文具，在加贴猪皮保护面后，可以在粘合胶水或者容易开胶位置，在尚未缝线前起临时固定作用。

### 15. 圆尺

一种绘图专业尺子，能够画出不同半径的圆，以毫米为递进单位，非常适合在皮具设计圆角时候采用。

### 16. 四合扣模具

给四合扣安装之时而使用的专门工具，每种不同型号的四合扣都有对应的专属模具，不能互用，所幸的是，四合扣型号并不多，常用只有2～3种，而且此模具价格也非常便宜。大家可以全套配备。

以上辅助工具仅为马骝老师个人常用设计自用，可陆续根据自身需求而添加。

在选购工具上还有一点建议就是：贵的工具不一定就是最好的，但是好的工具价格都不会便宜到白菜价格；众多的工具都随着个人经验的累积而不断被需求，没有说可以一步到位的。初级接触的朋友们更是无需要一次选购完毕。一边玩着，一边在马骝老师指导下摸索增添"武器"，就像一个不断升级的小武士，别有一番享乐的滋味。

为方便大家选购，在这里列出一个常规工具使用表，见表1-1。

表1-1　工具选购一览表

| 必备基础工具 | | | | |
|---|---|---|---|---|
| 名称 | 规格建议 | 进口 | 国产 | 配图 |
| 菱斩 | 2齿+4齿<br>（选购4mm间距/5mm间距） | √ | | |
| 锤子 | 非金属头即可 | | √ | |
| 切割垫板 | A3以上尺寸较为适合 | | √ | |
| 手缝针 | 选购圆头不扎手 | √ | | |

| 名称 | 规格建议 | 进口 | 国产 | 配图 |
|------|----------|------|------|------|
| 线 | 麻线/尼龙 | √ | √ | |
| 冲压垫板 | 厚度15mm以上 | | √ | |
| 胶水 | 任意皆可 | √ | √ | |
| 床面处理剂 | 任意皆可 | √ | √ | |
| 建议选购工具 | | | | |
| 名称 | 规格建议 | 进口 | 国产 | 配图 |
| 锥子 | 锋利的细锥 | √ | √ | |
| 削边器 | 有条件可以选择全规格系，日制的3号比较万能使用 | √ | | |

| 名称 | 规格建议 | 进口 | 国产 | 配图 |
|------|---------|------|------|------|
| 边线器 | 无 | √ | √ | |
| 上胶片 | 根据个人习惯而定，也可以用纯棉签代替 | √ | | |
| 去胶片 | 无 | | √ | |
| 平口钳子 | 平口即可 | √ | √ | |
| 剪刀 | 尺寸选择大一点，后期还可以剪皮料 | | √ | |
| 皮革保护油 | 任意品牌的皆可 | √ | √ | |

| 名称 | 规格建议 | 进口 | 国产 | 配图 |
|------|---------|------|------|------|
| 蜜蜡 | 无 | √ | √ | |
| 圆冲 | 1～10mm 皆可配备 | √ | √ | |
| 半圆冲 | 20mm/25mm 比较常用 | √ | √ | |

工具选购仅仅代表个人的使用习惯，并没硬性规定哪种为唯一标准，此处的国产进口选择也只是马骝老师的经验意见，一切以读者的经济能力和喜好去自行斟酌。

# 第二节　皮革材料基本知识及选购方法

皮料选购是众多手工皮革爱好者的一个老大难问题。网上购买，担心色泽差、硬度弱、尺码少；有条件的独自去批发市场挑选，心满意足地看着一张皮子，色泽亮丽油脂丰厚，美滋滋扛回去却发现做出来形象而神不似；更有不法皮料商人看中了手工小众这个市场，把库存皮修面皮拿出来吱喝再卖，骗到一大片小白。皮坑一词我想也是由此而来。

要把手工皮革玩得好，学会辨别料子的这个金睛火眼必不可少，马骝老师就此分享一些自己多年被坑后摸索出来的门道，为了系统科学了解全过程，咱们还是从头说起（注：皮革行业是一个非常成熟系统的行业，在此仅针对手工皮革的领域进行简要阐述）。

## 1. 什么是皮革

皮革是经脱毛和鞣制等物理、化学加工程序所得到的已经定性并不易腐烂的动物皮。真皮动物革的加工过程非常复杂，一张原皮一般需要经过几十道工序方能得出成品。在这些成品中，按照制作工艺去区分，分别有铬鞣革、植鞣革、油鞣革、醛鞣革和结合鞣革等。

值得一提的是手工皮具中接触最多、最常见的植鞣革，其实是代表制皮工艺，是以植物鞣剂为主鞣制而成的革。由于制作中主要是依靠提取出植物体内的单宁、植物多酚等令生皮变成革，所以整个过程比较环保，成品皮料也是基本不含化工成分，不含对人体有危害的物质，可与皮肤直接接触。

## 2. 适合手工制作的皮革种类

--------------------------------------------

### 植鞣革

植鞣革也称皮雕皮、树膏（糕）皮，烤皮，带革。颜色为未染色的本色。植鞣革伸缩性小，吸水易变软，可塑性高，颜色从本色的浅肉粉色到淡褐色，最适合做皮雕工艺品。经过染色、上油与干燥的革可以在适度保养下维持品质与柔韧。非常适于皮革工艺品制作，也是手工皮具中最常见的皮料选择。

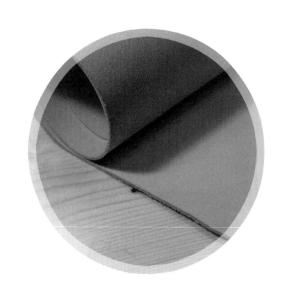

## 油蜡皮

在后期的涂饰工艺中使用油滑和蜡感手感剂制作而成的。仿佛在皮料表面揉了一层油蜡进去，具有油亮的表面效果。用指甲一刮或用手撑开，颜色就会变浅，但以手抚平后又恢复正常，其特点是油感黏腻、耐湿强、皮质光亮弱、手感舒适，是怀旧复古风的首选皮料。

## 小牛皮

两岁以内的小牛，毛孔比大牛小，拉力强但价格较高。小牛皮因为毛孔粒面小或清晰，是牛皮中档次较高的品种。所谓小牛皮，就是在牛幼小的时候予以宰杀，每张牛皮的大小不超过15平方英尺（约1.4平方米），皮质柔软顺滑。小牛皮是制造皮鞋面革最好的原料之一，但小牛比成年牛的皮革加工难度更高，这当然也是此类皮革加工后皮革价格比寻常高的原因。小牛皮皮质嫩滑、厚度适中、胎纹清晰、手感柔软、弹性好。

## 马臀皮

学名为科尔多瓦皮（Cordovan）。这种皮革取自马臀部上的部分皮革，确切来说是马屁股皮上的一小部分。这部分皮革是驱赶蚊虫时动物无法用牙齿或尾巴够到的部位。也只有这一小部分能够制作成为此等皮料，面积相当于八分之一臀部。

马臀皮纹理特别细致，几乎看不到毛孔，极为光滑，有着独特的光滑手感和厚度；闪闪发亮，几乎不会磨损，并且会随着时光的流逝而增添诱人的光泽——俗称皮革中的钻石。用来制作钱包有着独特的魅力。

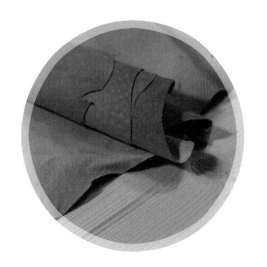

猪皮

由于毛孔比较粗糙，价格便宜，一般是用于包内衬里之用。

TIPS

经常有朋友会问到，头层牛皮、植鞣革、小牛皮哪种更好？其实，头层牛皮是一个泛称，指的是牛身上的皮，表面有原始的皮肤特征，仔细观察可以看到有自然的不规则皮肤纹路，甚至是一些疤痕和血筋痕等；唯一应该与头层牛皮进行区分比较的就是二层牛皮，其是头层牛皮横切分成两层甚至三层中的、除去皮肤表面层的牛皮，后期经过化学加工覆以PVC、PU材料合成皮面，表面的皮革纹路都是人工压制而成的，规律而统一。由于表面是化工材料，实际使用中耐用度远远不如天然的头层牛皮。而植鞣革、小牛皮这些皮革，归属于头层牛皮的。

### 3. 皮料选购小知识

最经常使用的单位是平方英尺。皮料批发商通常是以整张牛皮或半张牛皮的面积进行销售。一张皮料面积普遍是10平方英尺～30平方英尺不等。

在销售前，皮革的面积是由工厂用量皮机测量出来的，测量的时候会将所有的边边角角都计算进去，又因为皮子都是不规则形状，所以通常我们看到的皮子会感觉比计算出来的理论面积值要小。在购买前，仔细观察皮背，上面标记的英尺面积乘以每英尺价钱，就是这张牛皮的价格。

由于不同的皮料皆有默认的出厂厚度（0.8～5mm），厚度越厚，皮料的价格就越高。因为正如前面介绍头层牛皮与二层牛皮，厚的皮料可以削出2块2mm厚度，上面皮肤一层是2mm头层牛皮，下面一层加以人工喷涂加压处理，就成为了2mm的二层皮料。

下表列出了皮革厚度及其对应制作的物品，我们可以自行选择需要的皮料作为一个参考标准。

## 皮革厚度以及对应制作物品

| 皮革厚度/mm | 物品明细 |
|---|---|
| 0.5 ～ 0.9 | 钱包内皮/卡位；包内里/皮贴 |
| 1 ～ 1.5 | 钱包外皮 |
| 1.5 ～ 2.4 | 皮革小物（钥匙包/保护套） |
| 1.3 ～ 3 | 单肩包/手提包/腰包 |
| 2.3 ～ 3 | 腰带/手环 |

皮革厚度/mm：0.5　0.6　0.7　0.8　0.9　1　1.1　1.2　1.3　1.4　1.5　1.6　1.7　1.8　1.9　2　2.1　2.2　2.3　2.4　2.5　2.6　2.7　2.8　2.9　3

CHAPTER 02

第二章 入门制作与技巧

通过前面的学习，基础工具和相关知识都大致领略，小伙伴们是否已经急不可耐想做出属于自己的成品？不过还不能急，在这之前，我们还需要掌握一些做皮的基本技法。其实也就是我们制作皮具采用的基本流程说明。

 **1. 裁皮下料方法**

➡ 直尺按放在需要裁割的位置，保持裁纸刀垂直。

➡ 为了更好操作保持直观，建议裁割皮料方向与胸口也是保持垂直操作。

 错误示范：刀歪

 错误示范：刀歪

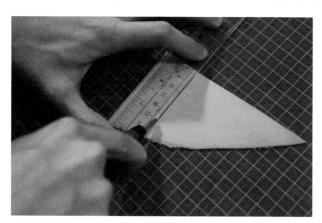

⬅ 然后轻轻在皮面上割一刀。力度不大，皮料此时应该是基本不断的状态；然后保持此相同力度，重复操作3～5次，直到皮料自然断开。

TIPS

大家可能有疑惑，为什么不可以一刀切，这是根据皮子和厚度进行衡量的，皮料光滑，而且较厚，想纯粹蛮力一刀下去，容易导致辅助尺偏歪，从而划破皮面，对于厚料的皮子，则更加费劲。

➡️ 对应切割1刀、2刀和3刀效果

➡️ 那么有些朋友可能有疑惑，这里操作都是直线，那对于不规则的设计怎么裁剪？其实所有的组件，我们都可以先姑且看成方块组成，后期只需要不断地切割不要的方块组件，加上点弧度，就可以轻松得到。具体会在书后实际练习中加强锻炼，在此大家可以不必心急。

**TIPS** 为了方便大家记住，马骝老师送大家一个小口诀："三到五刀一直线，刀口垂直不要变"，咔嚓，所有皮料组件的裁剪就是这么简单。

------

**后续小技巧：**

➡️ 正确刀头，刀片不能伸出太长。

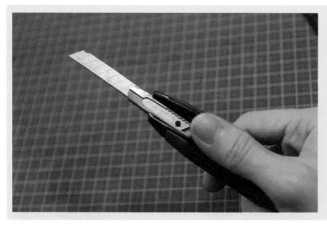

 错误示范，除了危险，基本没什么用处，而且还不受力。

 正确握尺子方法，手按在中央，不往外突出。

错误示范：手指突出，容易割手。

## 2. 皮面处理手法

➡️ 裁剪好的皮料，还处于一个原皮的状态，在手工制造过程中稍有不慎容易导致皮面沾上污垢，另外对大部分皮料来说，存放过程中容易失去油脂，所以在制作前，我们先采用牛脚油或者貂油进行皮面的处理，补脂抗污。

**小知识** 这里大家不必刻意寻求和马骝老师一样的保护油，市面上的牛脚油、貂油或者马油都是可以的，只是涂抹时候要采用白色纯棉布进行操作。

➡️ 以顺时针打圈的形式从一端到另外一端，注意力度需要保持均衡，速度过快或者力气过大，会导致皮面吸收特别深入，形成色差。

➡️ 需要注意的是，发现油分量不够时候，就要再次倒油补充，而非一布走天下。整个过程保持轻力度，打圈圈，勤补油；你会发现，整个皮面会颜色加深，并似乎产生不均匀现象。但只要操作无误（没有过大加大力度和加快摩擦），这是油脂和皮面的正常反应，等皮子充分吸收刚刚的油脂滋润，整个皮面又可以恢复到光洁无瑕的状态，并且在油脂的影响下颜色略微变化产生一点迷人效果。

## 3. 皮背处理方法

不少皮背在出厂时候，已经处理光滑甚至制作了封底。如果遇到皮背显露出皮革的纤维，并且手指一抹会产生皮屑，这时候我们需要对皮背进行一些处理。

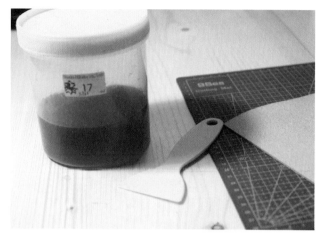

这里我们用到的是一种叫床面处理剂的专业材料。其原理是增加皮背的密度，透过不断打磨令皮革背面纤维紧密。也俗称为增稠剂，不少食品加工中都会采用，例如啫喱布丁等需要凝固成型而用，是一种无毒的天然食品添加剂。

取出少量，顺着皮纹方向，均匀涂抹的皮背。

➡️ 用力反复推刮，整体保持光亮整洁，等待自然干燥即可。

### 4. 打孔方法

➡️ 在皮革上画出缝线位置，借用专业的菱斩工具，依次对齐保持垂直，便可敲压，以提前制作出需要缝线的孔径。

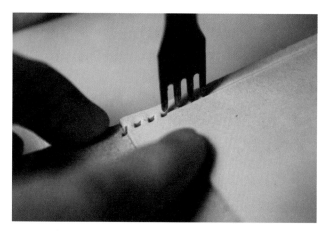

值得注意的是，每一次打孔，必须要保持前一只脚对齐上一次打孔的最后一个孔径，以保持均匀尺寸。

一般来说，菱斩的齿数越多，拔出来越费劲，原本设计多齿数的本意应该为加快打孔效率的，但经过马骦老师亲身测试，效率最高和最好用反而是4齿的，6～10齿皆不推荐。

TIPS 曲线的打孔采用是2脚的菱斩。操作原理一样。单脚使用频率非常少，2+4齿满足大家制作的90%需求。

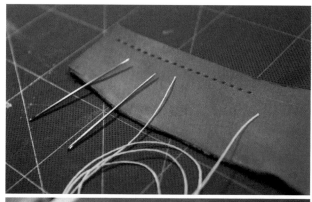

### 5. 手工缝线方法

手工缝线一般采用是著名的马鞍针双针缝法。这也是爱马仕皮具传统保留针法，好处是能够保持线段间的张力，即使其中一段磨断了，由于双针牵引拉力和独立针脚，使其并不会轻易掉线。

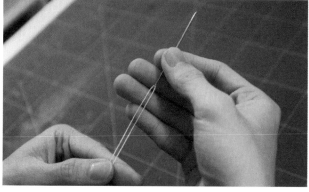

## ① 起斜方法

➡️ 首先，完成穿针，一线两针，各自穿上一头，手指稍微捏一下针尾便可。

➡️ 双针皆从皮面任意一段作为起点，同时穿过第一个和第二个孔径。为了令大家更容易操作理解，这里我们统一保持从皮具的右端作为起点。

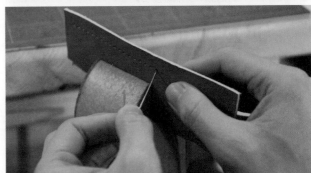

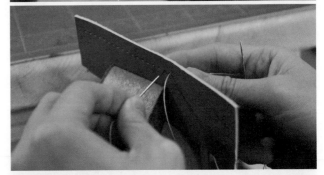

➡️ 两针都穿插过孔后，便可以直接拉出。

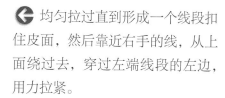
均匀拉过直到形成一个线段扣住皮面，然后靠近右手的线，从上面绕过去，穿过左端线段的左边，用力拉紧。

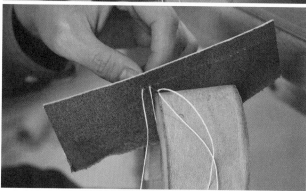

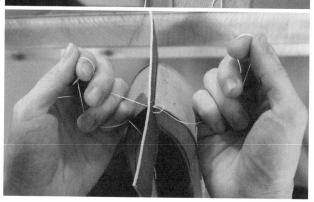

➡ 这样就形成了一个绳环锁住皮面，同时皮面皮背各有一针的状态，此为止缝1针。

接下来，只需要把皮面的针，穿去下一个洞，然后不断重复这个操作，直到缝制到需要停止的位置，即可完成整个缝线的过程。

## ② 回针方法

➡ 全部逢制完毕，这个时候会形成是皮面皮背各一线的状态。

➡ 只需要把皮面的线往回重复向皮背扎进去，这个时候看到背部是形成了一段重复的线段的，这种情况谓之回一针（如有需要，也可以以缝针手法继续回缝2～3次，便是回2～3针）。

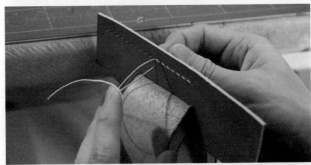

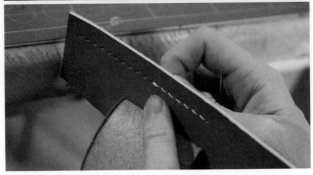

接下米只要把多余线段剪短，烧尾即可。针对尼龙线，一般我们采用的都是直接烧结的处理手法，这样比较牢固，但是麻线由于成分不同，不可烧结，就要采用齐平剪断线尾部，加涂白胶水作为守卫手法。

　　好了，以上便是最基本的手工皮革技法，想要掌握更多处理技巧，请翻开下一章，跟着马骝老师进行实践，一步一步做出属于你自己的手工作品。

第三章 跟着马骝实践学习

此款零钱包整体制作难度不大，涵盖最基本的缝线和版型粘贴，制作出来的成品可以轻松容纳2000左右钞票和2～3张卡片。在日常生活中使用率非常高，适合喜欢轻便出行的朋友。

## 材料以及工具准备

| 皮革规格 | 工具规格 | 缝线选择 | 其他辅材 |
| --- | --- | --- | --- |
| 植鞣革牛皮半尺（30cm×15cm），厚度1.5mm | 4mm菱斩，4齿+2齿6mm圆冲子、3mm圆冲子、2cm半圆冲子 | 9股尼龙白线，0.5mm粗 | 纯铜633四合扣以及对应模具 |

## 1. 整体皮件的制作

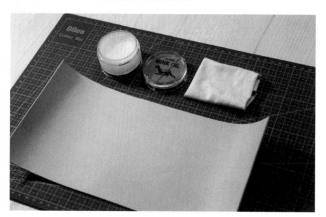

处理好皮面以及皮背，以备下一步工序。

为了方便制作，首次练习，马骉老师特意剪裁了1:1的纸样作为说明。每次制作上我们备料皮料是比参考纸型要预留一定空间的，然后根据设计尺寸，纸样版型在皮面上裁出对应1:1大小的皮革。

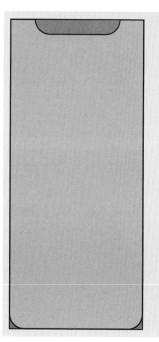

和前面章节提到的一样，很少有纯方块的设计版型，制作成品的皮革大多是不规则的，这对于缺乏经验的新手来说，一刀切割出完美的版型存在一定操作难度。马骉老师在此教大家比较简单的方法。

仔细观察，我们可以先把版型分解成比较容易操作的矩形。透过版型测量，其纸型更加接近于25cm×11cm的矩形。所以我们第一步要做的是，先把矩形裁剪出来。

→ 裁剪矩形方法非常简单，首先距离接近边缘位置裁割出一条纯直线。

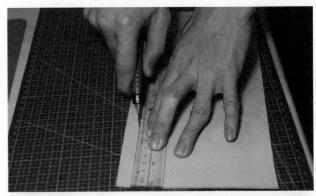

→ 紧贴裁出来的直线边缘，量出11cm的距离，标记出点（头尾两端各找1点）。

→ 根据两点确定一直线，把另外一边的直线边也裁剪出来。这样我们就得到一块长条平行皮块（宽度为11cm）。

→ 借助垫板直角尺，把其中一条直线紧贴垫板坐标，这样任意找出一段垂线，并裁割，为了节约皮料，请尽量靠近边缘处寻找对应位置。

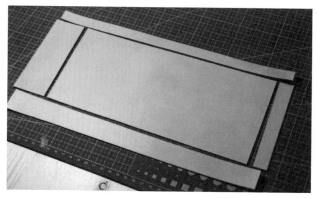

← 最后贴着尺子找出长边25cm的两个点，整个矩形就制作完毕。

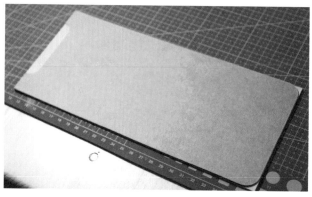

← 把1:1纸型放上去，可以看到我们的矩形已经非常接近所需设计的皮件，现在只需要在裁剪好的皮面上，借助版型标记出不规则的记号和形状。

← 借助半圆形冲子敲压出两端弧形。

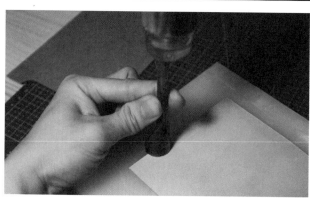

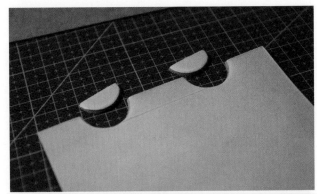

→ 中间直线部分可以借助美工刀，继续采用轻力多刀法，这个时候30°刀尖可以帮助我们顺利在边缘处停刀，卡位镂空便是这样制作出来的了。

→ 针对盖子的圆角位置，我们可以利用市面有售的小半圆冲子直接冲压，也可以用美工刀裁切出来。由于借用小半圆冲子规格比较局限，这里马骝老师还是和大家一步一步用传统美工刀去切圆弧。

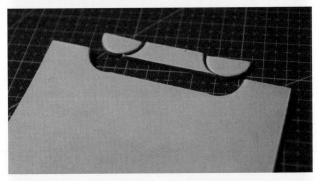

从分解图我们看到，其实任何弧度都可以是由无穷的直线组合而成的。利用这一个原理，我们在直角处画出对应的圆弧线迹，以直尺贴着圆弧，不断切割出直线，便可完成圆角制作。一般来说，需要4～6刀组成一个圆角。

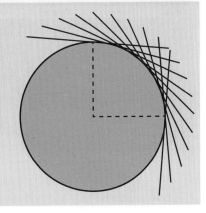

注意 根据圆的大小不同，把圆弧可以分解成4～10根不同角度的直线，具体需要制作时候综合衡量，只要把握紧贴圆弧画直线的原则便基本不会出错。

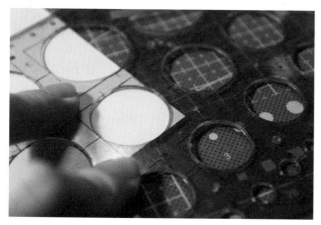

◀ 首先根据喜好标记好圆角，这里选用的是直径为25mm尺寸的圆角。

◀ 紧贴着弧度，裁隔出第一根直线。

◀ 继续沿着弧度，把第二根直线也裁割出来。

➔ 以此类推，直到裁出满意的圆弧为止。

➔ 切割好的圆角还略显出一些粗糙的边缘，这时候要利用细砂纸（600目较为适合）对边缘进行来回打磨，直到显示圆润便可。

制作好的皮件和版型已经成1:1结构，翻转，在皮背标注记号线准备下一步工序。

## 2. 四合扣的安装

由于零钱包采用的是三折结构，在组合缝线之前，我们需要先把四合扣装上。

此类扣子是由四个组件组成的，需要2个组件合成上下各1主体，也有俗称为弹簧扣。其安装方法非常简单，只需要在皮面上根据扣子中心直径大小开孔，分别叠加组装，采用模具敲压加固即可。

➡ 找出四合扣子扣（底扣）位置。

➡ 借助和四合扣子口直径大小一样的圆冲，在皮革上打出安装孔（若更换了不同尺寸型号的四合扣，圆冲大小也需要相应进行调整）。

➡ 从皮背把子扣安插上去。

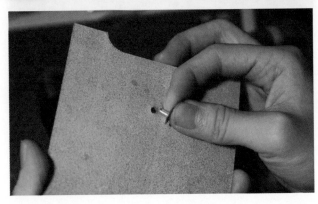

← 找到四合扣的扣面，如同小帽子般模样的，按放上去。

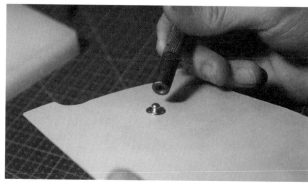

← 借用模具，垫上金属打台即可用力垂直敲打，令组件扁平，紧贴而不掉即可。

← 完成扣子底部的安装。

 **3. 折叠组合**

➡ 翻过皮背，根据版型在皮背画出对折的辅助参考线，把皮边缘与参考线水平对齐。

　　沿着参考对折线。

➡ 用力按压出皮子惯性褶皱，只需按压要两端角位即可。

➡ 皮料是非常容易定型的，在折叠下，外力会令其形成这样的褶皱记忆。

注意 需谨慎操作，此步骤不可恢复，若折叠错误或者对齐有偏差，多次的重复折叠会导致皮面形成多道折叠痕迹。

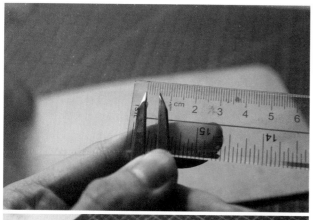

← 现在全部主体已经准备完毕，可以进行皮革的粘合和缝线步骤。

首先根据缝线位置，给皮革边缘进行涂胶，距离边缘大概5mm位置即可。这里为了提高效率，马骝老师采用的是边线器量出距离，没有此工具的则需要在皮背上借助直尺画出5mm辅助线。

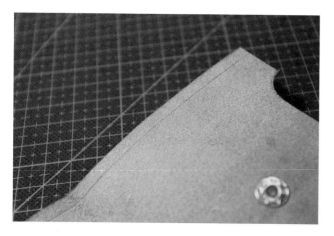

← 从折叠辅助线开始划涂胶水参考线。

→ 采用的是日本速干万能胶（胶水区别并不太大，黄胶万能胶国产进口皆可），为了保持皮革的粘合足够牢固结实，两面皆需要涂上胶水。

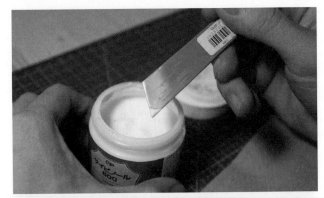

→ 操作需要特别注意，不能涂得过厚。

 错误示范：胶水过多，除了突出边缘还起鼓，在后期制作会容易把胶水溢出，带来不便。

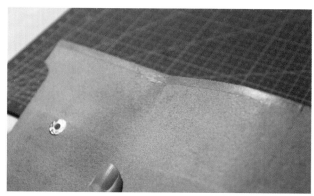

← 这是比较完美的涂胶状态。

← 粘合时候，首先注意起点对齐，然后沿着边缘一点一点挤压平。

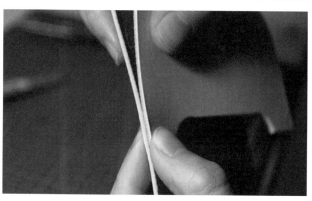

← 这个过程不能操之过急，缓慢平稳整齐是重中之重，粘合的效果也是影响后期皮具打磨边缘的质量的。

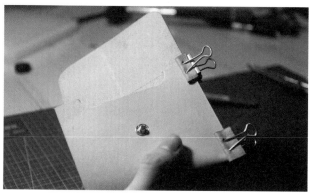

← 为了巩固胶水粘合，借用燕尾夹把两端夹紧加固。

错误示范：边缘尚未对齐便粘合。当然这里为了说明问题，马骉老师故意夸大了没对齐的状态，但是实际操作中，很多心急的小伙伴会存在部分齐整部分突出的状况，制作时候我们加倍注意，一旦有不齐整边缘便需要把皮子拉开再调整。

➡ 等待10分钟，让胶水固化干燥达到最大粘合力度即可进行下一阶段工序——打孔缝线。

## 4. 打孔工序

➡ 借助边线器，贴着皮革边缘划出打孔缝线轨迹，这里采用的是4mm距离。

边线不用画出至底部，距离边缘还有5mm处即可。

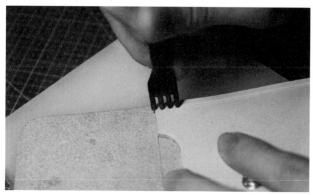

打孔工序比较简单，只是第一个打孔位需要注意，把菱斩一脚对准外边缘。在打孔时候，时刻提醒自己，一定要保持菱斩垂直，否则前后线迹会存在不均匀情况。

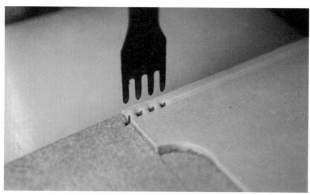

第一次打孔的情况。

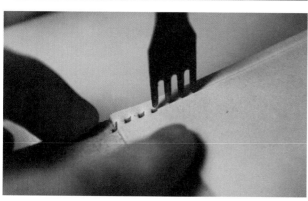

打出第一个孔后，后面的每次打孔，菱斩第一个孔都需要骑压着已打出的最后一个孔。

➔ 直到全部打孔完毕。

## 5. 缝线组合

➔ 根据要缝制的孔径距离，量出4倍的缝纫线长度作为缝线线材长度。

TIPS 一般来说，从方便穿针、皮料厚度以及操作便利上综合考虑，所需要的线材基本就是孔径长度的4倍。

➔ 从正面位置穿针（正面位置指的是打孔的一面皮面），把两端线迹拉紧到皮背，完成第一针缝线。

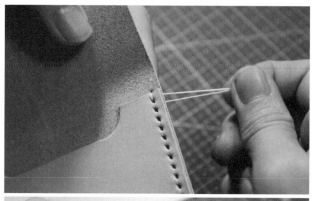

由于是开口处，一般处理上我们是多绕一圈以令开口更加结实耐用。

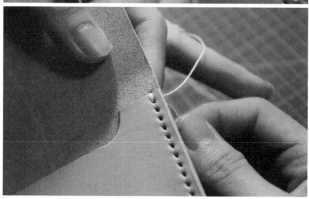

➡️ 按照前章介绍的双针方法缝线
依次有序进行。

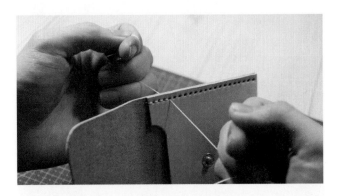

从正面打孔位置插针入去，右手线始终在上部。只要保持这样的次序，
线迹便可以保持手缝特有的饺子形状，非常耐看。

➡️ 缝制到最后会出现面底各一根
线的情况，这时候，只要把面线往
回缝制 1 ～ 2 针即可。

← 把背面的线剪断，须保留3mm
左右长度。

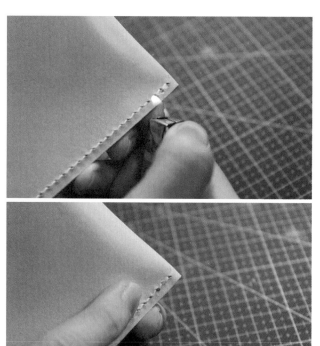

← 由于是尼龙材质，可以直接用
火机烧结压平作为收尾。

→ 以同样的手法，把另外一边的线迹也缝制完毕。两边线迹都缝制完毕后，可以采用木槌把线迹再敲压平整。

 **6. 安装面扣**

→ 制定好面扣子位置，具体定位可以根据盖子弯曲下后，制作者美观舒适而随意变更，初次制作，这里位置我们还是统一参照纸型标准。

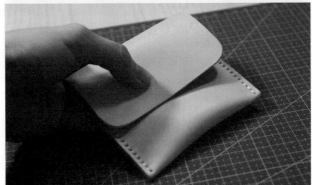

→ 面扣以及所需要用到的工具，冲子/四合扣面扣模具。

冲子需要和扣子内直径一致。

利用5mm圆冲，垂直敲出圆孔。

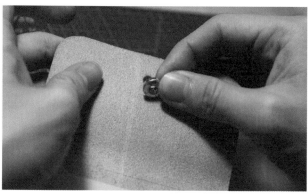

带有弹簧一面的扣子组件从皮背安装。

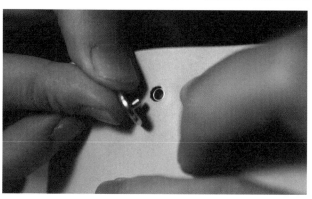

纯铜光滑圆面则从皮面安装。

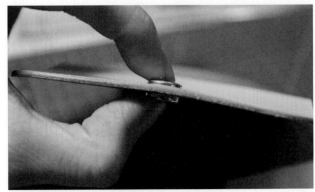

➡️ 依次安装上去后的状态，这个时候还没进行加固处理，手一松扣子便会掉下来。

➡️ 把模具塞入扣子弹簧孔内垂直敲压。

➡️ 这时候会感受到，原本凸出来的面扣底部敲压入去，并锁住了扣子内部边缘，此时松手扣子已经非常结实，不会掉下。

➡️ 这便基本完成了此零钱包的制作。不过现在皮子的边缘还是很粗糙，手工痕迹非常明显，我们还需要进一步把边缘美化，以尽力追求精美的简约。

## 7. 磨边和抛光

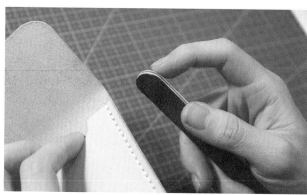

← 这里需要用的是打磨砂条、砂条分粗细两面，先采用粗砂面进行皮边缘的磨平。

← 保持水平来回推拉即可。

← 由于粘合时候已经反复强调注意，整体皮边比较整齐，无需过多摩擦便达到比较平整效果。

➡️ 这里介绍一份马骉老师自制小工具，也是打磨工具的一种，其实就是纯皮块，上面粘上不同型号的细砂纸而已。

➡️ 粗打磨后，需要更换更加精细的砂纸进行打磨。这里我们采用的是采用600目的砂纸，进行打磨抛光滑。

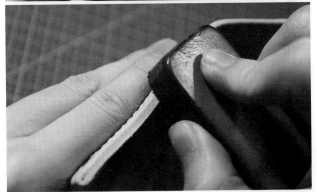

➡️ 打磨完的已经比较平整。

为了更加光亮，我们还可以用棉签蘸点水把皮边缘涂湿。

在皮边湿润的情况下，再采用600/1000目砂纸进行第二次打磨。直到呈现两面皮面浑然一体的状态，不再看到很明显的多层状态即可。

打磨后的边缘会突起部分皮革，这时候需要借助削边器（又名倒角器）把多余皮边削除，呈现圆滑弧度为佳。这里采用是日制3号倒角器。

背面同样需要进行削边处理。

➡ 有耐心的朋友不妨再重复采用600到1000目的砂纸，从粗到细依次打磨抛光滑。

小知识 经常有爱好者问道，边缘怎么能处理的好看，这个其实没有任何捷径的，要诀也不会太大，只需要反复打磨，削边，打磨再削边，从粗到细缓缓打磨即可。记住一点就是，打磨次数越多越耐心，边缘就越美丽动人。

⬅ 最后在边缘涂上部分蜜蜡。为了令到蜜蜡更加容易渗透入皮边缘，先用火机轻轻烧融处理。

⬅ 打磨最后收尾阶段，采用烧融化的蜂蜡，涂在皮边，然后采用圆形打磨木棒来回反复打磨进行抛光处理。待蜜蜡融入皮子纤维内，便会在边缘呈现蜜糖色的光亮边缘，非常耐用耐看。

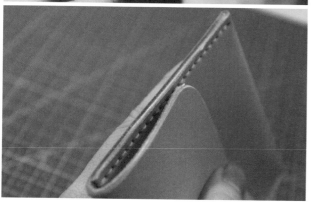

大功告成。日后大家还能拓展继续练习或者进行款式的小修改。设计便是这样诞生的。

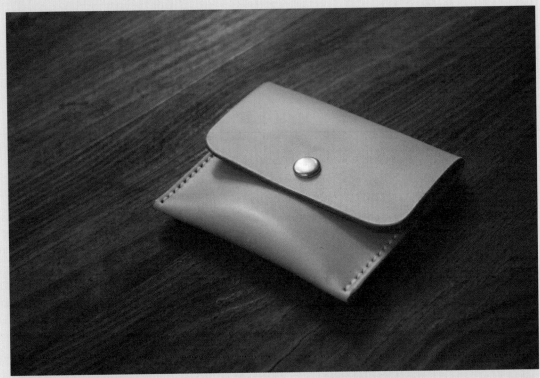

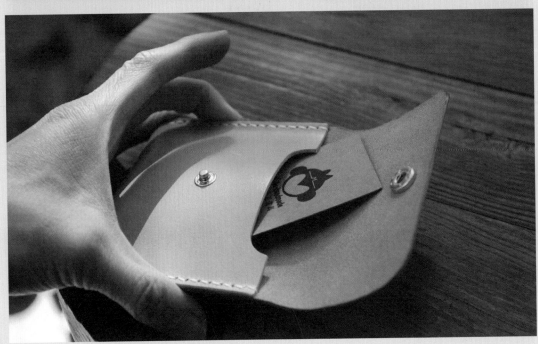

这是一款比较常见的短款钱包，在商场中也经常可见的，采用手工制作以及精选牛皮材料，再配合一些圆角处理或者装饰，可以令平凡的款式显得与众不同。整体容量可达4卡位容纳3000左右钞票，男士使用居多。

## 材料以及工具准备

| 皮革规格 | 工具规格 | 缝线选择 | 其他辅材 |
| --- | --- | --- | --- |
| 外皮：原色植鞣革牛皮小半尺（27cm×15cm），厚度1.7mm<br>内皮：原色植鞣革牛皮大半尺（30cm×20cm），厚度1mm | 菱斩5mm间距2齿+4齿 | 9股尼龙白线，0.55mm粗 | 无 |

## 1. 制作组件

根据纸型，处理好皮面以及皮背，以备下一步工序。

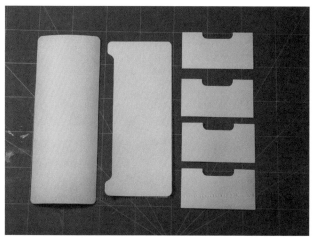

所需要的材料组件包括，钱包皮面、钱包内面以及4张卡位。制作方法和前章相同。首先制作出面皮组件矩形24cm×9.5cm，以及内部组件矩形22cm×9.5cm，同样以多个圆弧裁剪方法，制作好内部凹槽。制作卡位皮革，也是以圆弧裁剪方法，把卡位凹槽制作出来。此处不再累赘（详参见第一节零钱包制作方法）。

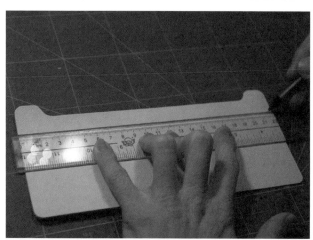

根据钱包结构，在组合前先标记好卡片组件位置。由于尺寸都是均等确定的，大家可以直接用铅笔在皮面上操作，仅需要稍微点一下连接部位位置即可。培养出在皮面制作记号和标记习惯，可以为日后随心所欲制作皮具打下良好基础，从而可以摆脱各类纸型条款，随意创作。

➡ 四卡位的设计是钱包左右两边各有二卡位，根据标记，我们先依次把组件层叠上去。

➡ 卡位理论组合是这样子的，但由于多层皮革厚度相互叠加会导致钱包非常笨重。有一段重复的边缘。这里介绍一个比较常见的处理卡片方法，采取重叠面相互消除来制作对应位置。

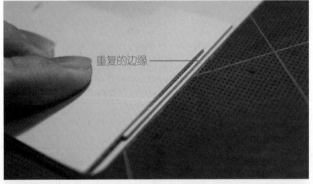

重复的边缘 ————

➡ 标记出重叠边缘位置，作出标记。把重叠位置向内切入1cm左右并裁走。

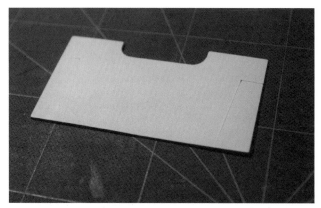

为了保持后期插卡更加流畅，可以制作成倒梯形的。

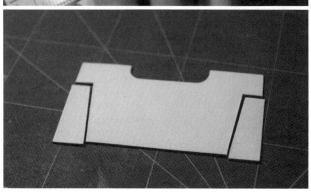

这样原本2层的皮料，在边缘上就轻松变成单层皮料。毫不夸张地说，在手工皮具中几乎90%的匠人都是如此进行多卡位制作的。

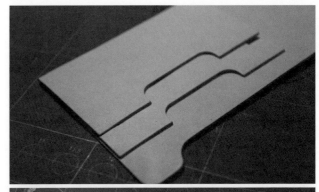

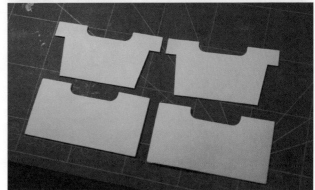

## 2. 粘合前的准备

➡ 这次部分粘合是在光滑的皮革表面，为了增强黏度，一般采用美工刀提前在边缘磨刮，形成粗糙面。

➡ 根据参考线，需要粘合卡位的三边皆处理完毕。

### 3. 组合卡位

← 第一层卡位制作比较简单，只需要在两侧突出的边缘处，涂上胶水固定，并手指加压5～10秒，以达到黏性强化作用。

← 由于钱包左右两边结构完全一样，为了提高效率可以同时展开操作。

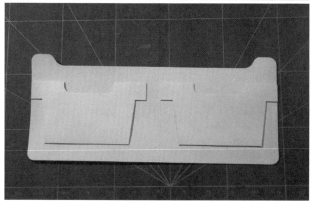

➡️ 卡片底部需要进行打孔缝线，以防卡片漏到下一层卡位，鉴于仅仅是承托一张卡片的重量以及在内部处，这里可以只缝合少量孔径即可。

➡️ 最后烧结收尾。这样便制作完毕了第一层的卡位。

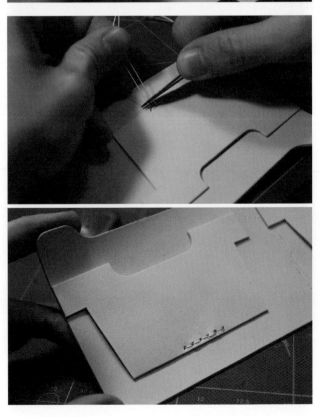

第二层卡位则需要三边都均衡涂好胶水,在粘合时候,要注意边缘左右对齐,并与上部卡位边缘能够很好地组成同一直线状态。实在没把握的还可以先画出辅助线,紧贴着参考线粘贴。

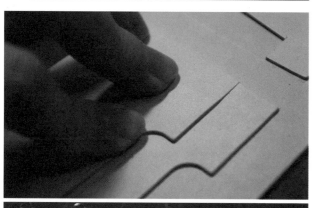

组合好的卡位应该是两层卡位中没有多余的缝隙,边缘呈现直线对齐的。由于粘合面积比较大,这里借助燕尾夹进行胶水固定。

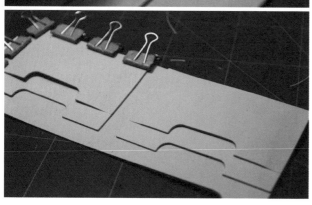

错误示范：没有紧贴上一层卡位，导致缝隙过大，是不合格的卡位处理。

## 4. 组合缝制

➡ 由于设计需求，靠近中间的两侧卡位边缘，需要提前缝线固定。其余边缘则留待和钱包组合方可缝制。

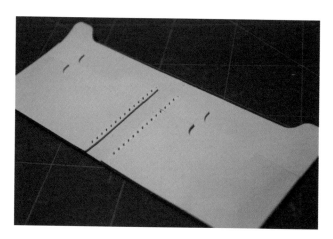

← 采用5mm四齿菱斩可加快进度。

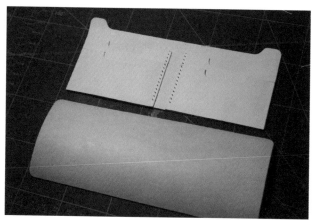

← 由于卡位三边中有2边是需要和钱包主体面一起缝制的，这里只需要把单独的边缘缝好线即完成了钱包内部的全部制作。

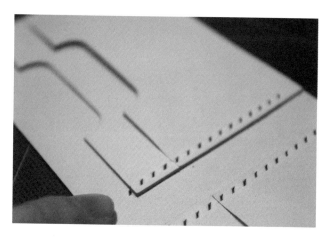

TIPS　打孔时候需要注意，菱斩必须刚好骑住卡位边缘起针，以保证经常插拔卡片位置的皮革结实程度。

➡️ 为了保证开口处的结实耐用，缝线起针需要按照从上面到底部的方向缝制，起针位置还可以多绕一圈以加强力度。

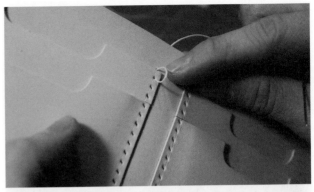

➡️ 这样内部组件便全部制作完毕，可以和外皮进行组合。

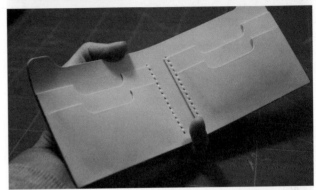

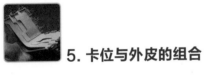

## 5. 卡位与外皮的组合

➡️ 仔细观察，内皮革和外皮革相差了足足2cm的宽度，这样的设计处理是为了留出足够的空间以容纳钞票。大家制作时候，不妨可以根据自身需求，调整差距（差距越小，容纳能力越小）。

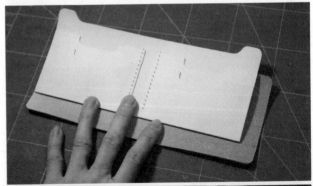

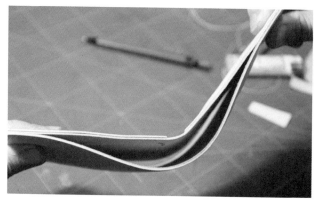

← 形成的弧度空间便是我们存放钞票的大钞位置。

← 标记出内外皮重合部位，缝制直到卡位边缘便可结束。

← 在需要缝线的位置，涂上胶水。

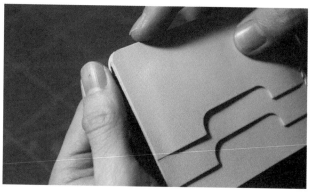

← 粘合时候需要遵从点、边、边原则。

**点**：首先先把角点整齐粘合，保证角落点对齐。

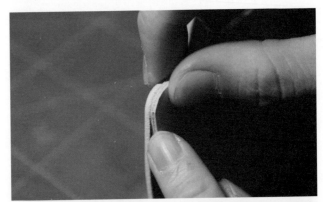

**边**：角落点对整齐后，便可以顺着其中任意一直角边一直往下粘。

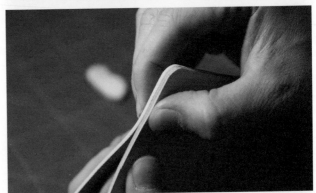

注意边缘对齐，如图这样全部粘贴平整方可。

**边**：然后再把另外一个直角边以同样手法粘合平整。这就是点边边手法。

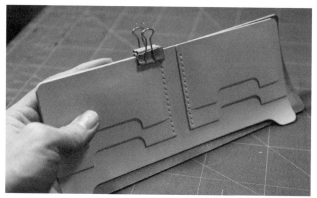

为避免开裂，最好采用燕尾夹把开口位置加固处理。或者全部都"大刑侍候"，动用10～20个夹子把边缘全部固定。这里的手法就因人而异，马骝老师在此不做标准。

钱包的另外一面需要粘合，这个时候我们发现粘合起来就不太容易操作了。因为皮面的弧度差，需要把面皮稍微弯曲，才能重合粘合的。这也就是本章重点所在，立体粘合的技巧掌握。

只要紧紧牢记"点、边、边"原则，不管弯曲多少，先集中精力处理一个点的问题。

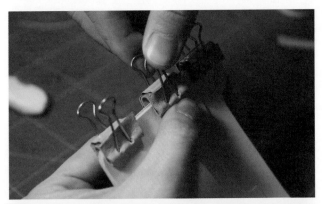

➜ 处理好了点，再根据边原则，这样便完成一个直角边的粘合。用夹子进行固定。

➜ 最后一个直角边，根据边原则，把边缘从角位向中间部位慢慢粘合。

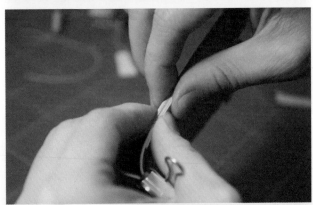

➜ 全部处理完毕后，皮面就自动形成了一个中间鼓起的空间。

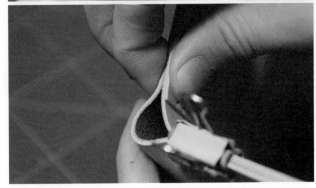

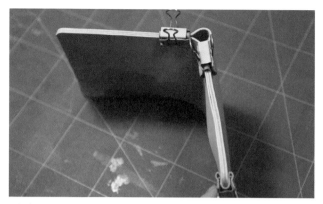

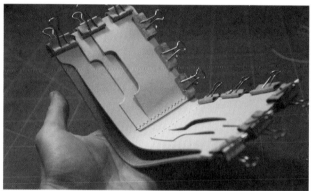

最后全部加上燕尾夹进行黏性巩固，静止10～15分钟便可开始缝合。

### 6. 打孔缝合

根据前章学习，我们需要在缝线位置边缘打出孔径。

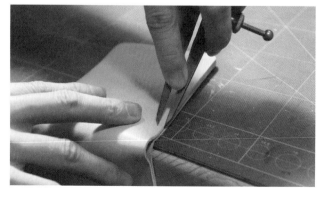

立体的结构不太好在皮面进行处理，我们可以把钱包分解成两块皮面组件，把其中一个面贴在桌子面进行处理即可。

➡️ 距离边缘4mm,借助划边器划出边线距离，到卡片齐平处即可（中间鼓起小孔无需缝线）。

➡️ 采用四齿菱斩沿着边线打孔，圆角位置的打孔需要更换成2齿的菱斩。

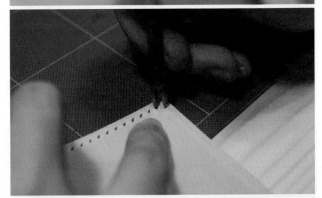

➡️ 最后打孔完毕，收尾孔刚好与卡片位置齐平就是最佳状态，实在不能完美对齐的，多出半个孔径也可以。

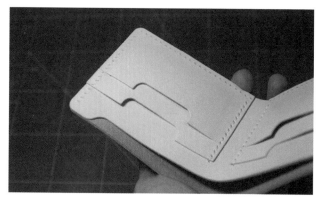

采用马鞍针双针缝法，所需要的线材长度为缝制孔径的4倍最为适合。

直到把两边线迹都缝制完毕。

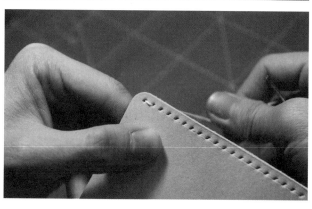

## 7. 打磨抛光

➡ 针对多层皮革，同样需要采用粗打磨棒进行第一次磨平。

➡ 更换上600目砂纸，再次进行精细打磨。

➡ 和零钱包一样，打磨完的皮具边缘很容易有突起倒角，这时候我们要采用日制倒角器4号（又名削边器）把多余的皮边削除，形成圆弧形状的边缘（皮革越厚，倒角器选择号数需要越大）。

沿着皮边涂上床面处理剂，再采用 1000 目砂纸进行抛光处理，反复进行这个步骤，可以令皮边更加自然圆润。最后再涂上蜜蜡打磨便完成了全部作品工序。

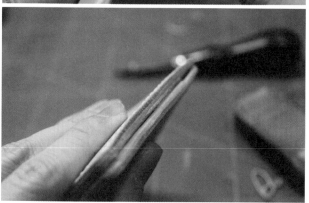

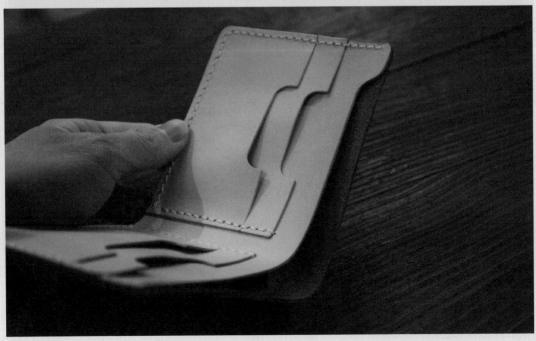

　　换上不同颜色的皮料以及装饰扣子，内部还可以从4卡位，变成6卡位，这些变化也是非常好玩的尝试。

经过前两节的基础训练，大家已经掌握了大部分的入门技巧，只要把以上的制作方法通过不同的组合变化，加点想象力，就能制作出市面上大部分钱包和皮革小物。为了巩固练习，这里马骝老师带领大家做一个综合型的大款钱包。配合拉链袋子隔层，能够容纳身份证、卡片，在风琴设计的两层大钞票位下，还能容纳颇多现金，是一款接近商品品质的手工制品。

## 材料以及工具准备

| 皮革规格 | 工具规格 | 缝线选择 | 其他辅材 |
|---|---|---|---|
| 外皮：原色马臀皮（27cm×20cm），厚度1.5mm<br>内皮：原色植鞣革牛皮约2平方英尺（60cm×25cm），厚度1mm | 菱斩，5mm间距9mm圆形冲子，633四合扣模具 | 9股尼龙白线，0.55mm粗 | 纯铜3号YKK拉链（长度为18cm）<br>纯铜633四合扣（直径为12.5mm） |

处理好皮面以及皮背，根据版型图纸，切割出各所需的组件，排列放好。

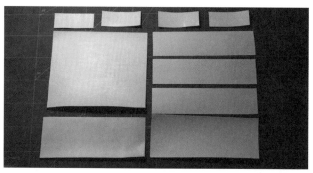

← 内部组件图示。

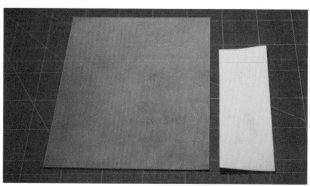

← 钱包面皮以及盖子组件图示。

**1. 制作卡位组件**

← 根据参考线，从顶部向内裁入1cm，切出类T形组件2份。

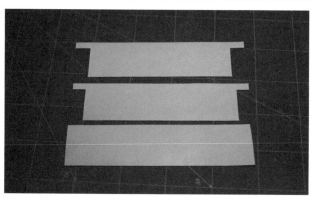

← 此为完整卡位组件，共三层（详细技巧以及设计要领请参考第二节短钱包卡位制作部分）。

由于这次制作是综合型的训练，在许多细节上都会尽量向专业性靠拢，会更加细化。这里我们需要提前把卡片位边缘着色抛光处理，采用的是日本茶色床面处理剂。

借助棉签可以均匀地涂抹较细处边缘而不会影响其他皮面。

呈现出淡淡的颜色后便可以采用打磨棒将其进行抛光处理。

处理前后细节对比。

为了日后皮具不开裂，这里我们需要提前把粘合的位置用刀片先刮粗糙，增加摩擦力。

涂抹胶水后对准位置粘合，手指用力进行压平处理。

多层卡位设计，为了防止卡片掉下来，还需要在底部封边巩固。画出缝制的位置。

➡ 一般只需要缝制6～8孔即可。由于是双卡位，左右两端皆需要缝制。

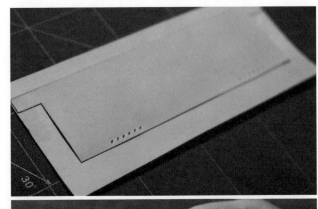

➡ 烧结断尾，把尾部藏在看不见的内层处理更佳。

➡ 第二层卡位以同样的手法处理。

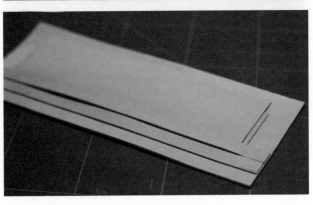

← 最后一层卡片位置是面皮，采用非T型进行三边粘合，并画出中线打孔，以区分左右卡位。

← 底部同样也需要打孔进行闭合处理。

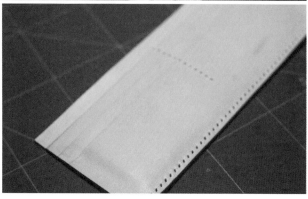

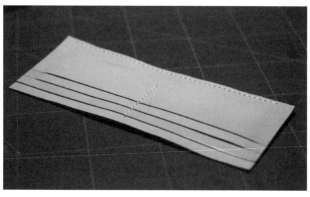

← 采用双针缝制，这样卡片位组件便制作完毕。

## 2. 制作拉链袋

➜ 找出中位线，根据拉链长度画出两端定点。由于拉链是18cm长度的，零钱袋总长度为20cm,故居中后只需两端各找出1cm距离便是最佳位置。

➜ 用9mm圆冲子定位并打孔。

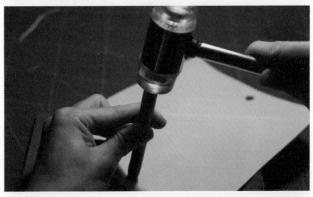

➜ 两端皆处理好后，把中间部分用美工刀裁开便可得到拉链凹槽位置。

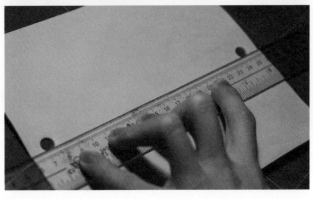

➜ 这里要注意的是，直线必须要和圆刚好相切，不能超越圆边缘，否则视为失败挖空。

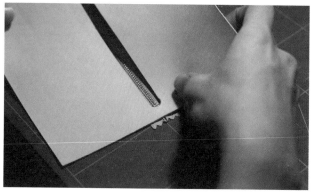

◀ 重复检查，确定开槽已经能够把拉链全部包含即可。

◀ 上拉链工序比较简单，只需要在皮背开槽边缘进行涂胶。

◀ 以其中一端为起点（拉链头或者尾部皆可），拉链平放于桌面，以皮背一点一点靠近粘合。

→ 布制拉链总会有一道道的线迹，大家不妨以皮边缘对准其中一道适合的线迹进行粘合对齐。

→ 粘合完毕的拉链，应该是头部和尾部都刚好在开槽两端，缝隙不会过大或者不能完全展露。

→ 缝制拉链前的打孔。这里要注意的是，由于布料具有延伸性，用边线器画出打孔距离需要比平常收窄，这里马骝老师用的是2mm距离。

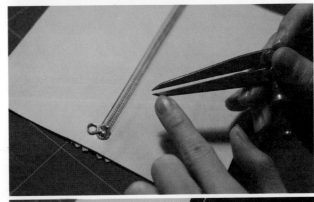

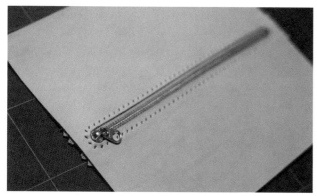

全部打孔完毕便可以采用双针法进行缝制。

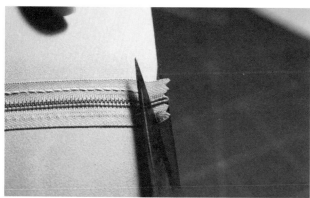

缝制完毕后，拉链多余的尾部需要剪掉，用火机稍微烧结，不再露出线头纤维即可。

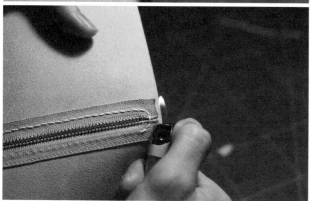

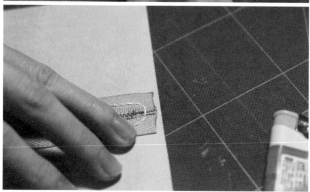

⊙ 各边涂上白胶，便可以把缝制好的拉链袋粘合。

⊙ 整合时候遵从"点、边、边"原则。注意依旧是需要从角落位开始对齐，处理完一边再一边。

⊙ 粘合好的拉链袋子。

⊙ 最后底部缝上封口线，即完成了整个拉链袋子的制作。

### 3. 制作侧面风琴位

大家可以根据图纸直接制作，也可以往下看马骉老师是如何制作适合的风琴位的。

◀ 切割四块一样大小的矩形，尺寸85mm×35mm。

◀ 其中一边找出7mm距离，作出标记后对齐切割出一斜边。

→ 左右两边同时操作，便可得出
上部宽下部窄的风琴位组件。

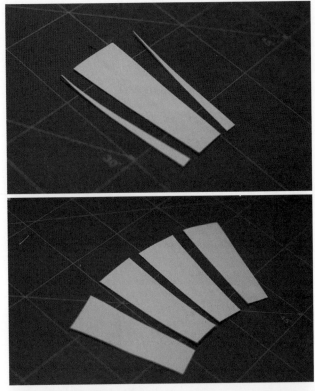

→ 取出风琴位组件，对折压平。

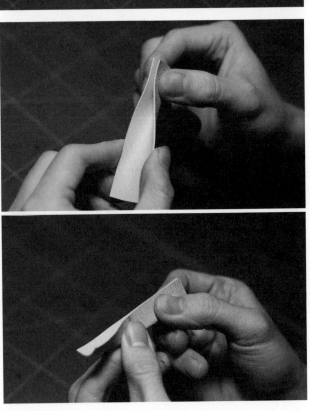

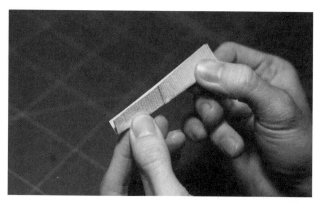

头尾都需要对准精准，这影响到钱包制作完毕后是否整齐顺畅，所以需谨慎操作。

手的力度一般不足够，我们还可以借助平口钳子进行二次压平，没有钳子也可以采用小锤子敲平。

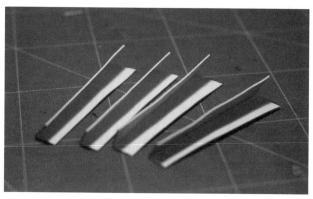

处理完毕的风琴位组件，自然状态下依旧保持了折叠的效果。

**4. 综合组合**

➡ 把处理好的风琴位和拉链包组合起来。这里需要注意,风琴位窄的位置是与拉链袋底部进行组合的,方向不能弄错。

➡ 拉链袋子需要前后各粘两块,左右也是一致的,四块风琴位在这里就全部粘合完毕。

◀ 四块组件，前后两面都遵从头大尾小的准则。全部粘合完毕后的拉链袋子侧面应该是呈现扇形结构（拉链上部为最大处）。

◀ 画线，打孔缝制。这里涉及的是多重皮革，打孔时候更加需要保持垂直敲压。

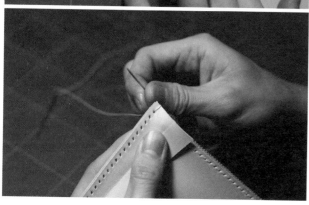

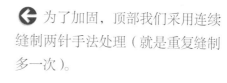

◀ 为了加固，顶部我们采用连续缝制两针手法处理（就是重复缝制多一次）。

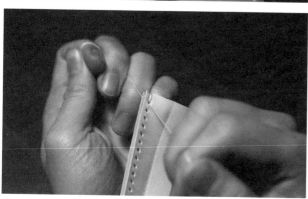

➡️ 缝制完毕后，可以借助打磨条先把多层皮子磨平处理。

➡️ 再把多余边缘削圆滑，并按照磨边手法去处理。

➡️ 能够呈现出蜜蜡色的光泽边缘，便完成侧面风琴位的制作，可以展开其他工序。

## 5. 制作盖子

➡️ 把盖子组件和钱包面皮粘合起来。

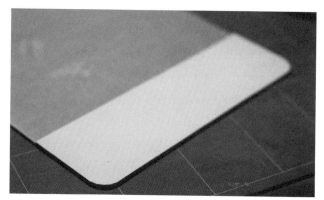

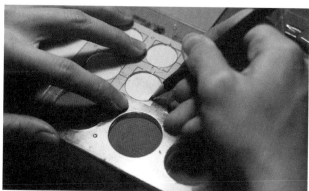

← 借助画圆尺，选择一个喜欢的圆的大小，画出两边圆角。这里选择的是25mm直径的。

← 按照前两章学习的技巧，多刀切圆，把两边直角切圆润。

➲ 若切完毕后，还是略有参差不齐，继续用打磨条磨平以达到更加圆滑的效果。

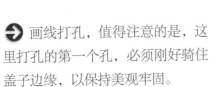

➲ 画线打孔，值得注意的是，这里打孔的第一个孔，必须刚好骑住盖子边缘，以保持美观牢固。

← 缝制完毕后，参考图纸定位四合扣位置（距离各边缘为2cm），这里用到的圆从是5mm直径的。

← 面扣底部放在皮背。

← 面扣正面放在钱包皮面。

← 借助633专用模具（国产）即可以轻松锁死，完成两面扣子的组合。

## 6. 组合缝线

至此，我们就获得了所有的钱包组件，现在需要做的，就是按照顺序叠加上去。粘合缝线便可完成全部制作。

➡ 距离盖子边缘下移2cm距离，把卡位组件粘合上去。注意方向，带有缝线底部的是靠近制作者自己的方向的。

➡ 钱包结构是盖子下盖，卡片外插，所以这个组件方向是不能搞混，否则将导致卡位无法使用。

◀ 卡位组件左右两边进行涂胶，准备和拉链组件组合缝制。

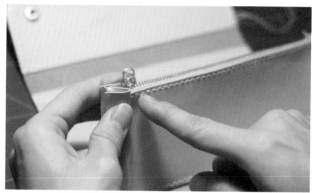

◀ 注意拉链头保持在上端位置。

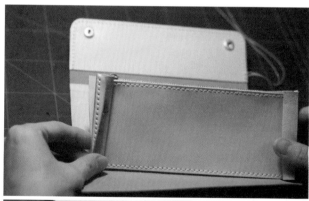

◀ 从底部边缘开始粘合。由于皮子层数较多，结构复杂，这里需要缓慢操作，保持每个皮面边缘都是整齐的。

即使还没展开打磨，大家可以看到粘合后是非常平整的，这样的操作有利于提升整个作品的品质，减少后期修边工序。

操作好的组件，自然呈现出上大下小的扇形状态，这和前面压平制作有着重要关联。

为了方便划线，这里可以把风琴位稍微向内部推压，以露出需要划线打孔的皮面。整个风琴位设计就是可以自由活动的，所以不需要太担心影响皮面。

多层皮子也采用一并打孔的手法。这里一共是3层皮子，打孔时候需要费一点力气和功夫。但是对于后期缝线工序更为方便和容易。一般来说，只要可以操作的情况下，建议皆采用一并打孔的手法。

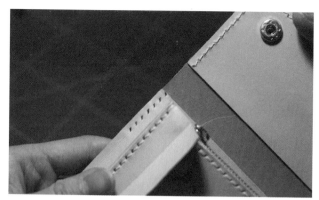

← 第一个孔依旧需要骑缝皮面
边缘。

← 缝线第一针依旧需要重复两
次，以保证结实耐用。

← 缝制完毕后，我们需要注意考
虑收尾方向，由于外面是钱包的背
面，因此要保持背面美观。

➡ 于是这里我们把收针藏在风琴位侧面方向。

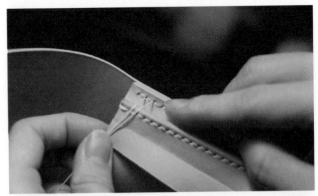

➡ 同样采取回2针手法。这样的皮背显得干净利落。两边都需要以同样手法处理。

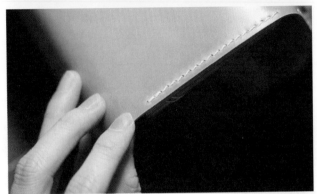

➡ 在钱包面皮另一端皮面（盖子对面），距离边缘左右各2cm位置，制作下凹槽，以供存放票据位。

➡ 选择直径2cm的半圆冲子，可以直接敲压出两端弧度。

把多余皮料裁掉，便形成一个半圆凹槽（具体操作在零钱包入门篇已经学习）。

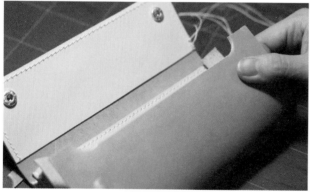

制作完毕后必不可少的打磨处理。

➡️ 根据图纸定位（距离上端4cm，边缘2cm）找出需要安装的四合扣子扣位置，用3mm圆冲打出两孔径。

➡️ 把钉子型底部从皮背塞入后，盖上子扣小帽边，呈现如图状态。

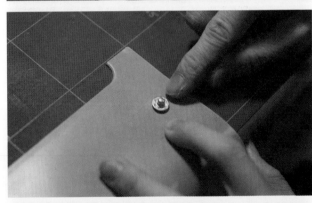

➡️ 用模具用力冲压。

← 检查安装完毕的背部，没有起鼓或者不平整即可。

← 涂抹胶水，把最后的票据组件粘合起来。

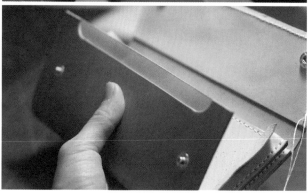

制作好的票据位展开打孔，由于这里涉及到立体结构，无法把风琴位粘合后一并打孔，因此我们采用的是分别打孔的方法操作。

注意

分辨清楚孔数和所处的位置。风琴位也需要敲打出一样的孔径。

风琴位位于此边缘打孔。

← 粘合前，还需再次检查两面孔径是否一致，有不一致情况需要二次打孔进行微调。

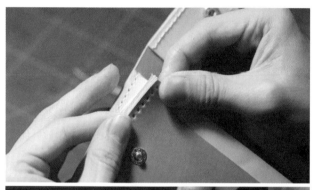

← 这里是整个钱包制作中粘合最为麻烦的一步，一方面需要把皮面弯曲形成空间，另外一方面风琴位内侧不好处理。但是保持边缘平整是需要谨记的。

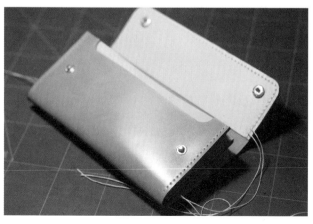

← 粘合完毕后的钱包雏形已经清晰可见。

→ 起针重复两针。大家可以发现，此类钱包几乎每个组件位置起针都是需要重复两针的，目的是保持手工的结实耐用。

→ 和皮背处理一样，保持皮面整洁，收针处理在风琴位一侧。

← 两端都缝制完毕后便可尝试合上盖子。

← 最后把多余的线位剪掉烧结便可。大功告成！

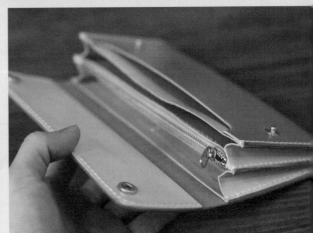

## 7. 制作更多

可以选择把扣子内藏在盖子里皮，这样制作暗扣风格，更换皮子后变化出不同颜色不同风格的钱包。

终于到这节开始立体的包型了。为了方便大家日后拓展练习，马骝老师特意挑选的这个基础型的随身小包，重点教导大家计算设计箱型肩包的方法和技巧，大家只要自行尝试不同的尺寸，即可演绎出不同大小的箱型单肩包。方正朴素的外观，带有永恒的复古风味。

### 材料以及工具准备

| 皮革规格 | 菱斩规格 | 缝线选择 | 其他辅材 |
| --- | --- | --- | --- |
| 外皮：原色植鞣革牛皮2平方英尺（30cm×60cm），厚度2.2mm 内袋：酒红色小羊皮1平方英尺（30cm×30cm），厚度1mm | 菱斩5mm间距 半圆冲子20mm、25mm直径，圆形冲子4mm直径 | 15股尼龙白线，0.65mm粗 | 纯铜针扣25mm口径，纯铜口环强力磁吸18mm |

处理好皮面，以进行下一步工序，根据版型图纸，切割出各所需的组件，排列放好。

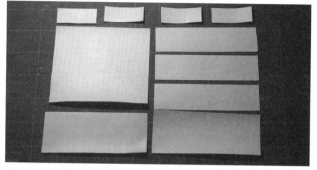

◀ 包身组件一览

## 1. 包档制作

◀ 首先需要把包档中用于遮挡包内物品、起安全作用的盖子耳朵制作出来。

◀ 大家可以参照纸型找出参考线，这里标准为6cm距离的，向内7mm, 距离顶部为1.5cm。

◀ 画出参考线后，直接用美工刀就可以把两直线切割出来。两边同样操作。这样便得出了遮盖物品的安全耳朵。

➜ 为了更加美观，包的底部为小弧形的，这里需要助圆尺标记画出底部的弧度，采用的是直径46mm的圆，这个圆弧可以根据各自审美定夺标准，这里仅供参考联系，值得注意的是，圆弧更改后，包身和包档条的长度也相应略有加减。

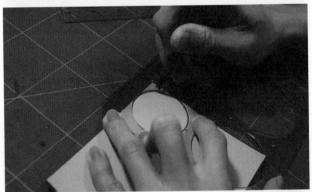

➜ 依旧采用的是多刀切圆法。

← 完整的包侧面组件。

← 借助边线器，量出1cm宽度距离，在皮背画出边线痕迹。

➡ 为了方便大家理解，这里马骉老师用黑笔重新描绘了一次，以指明区域，这片突出的边缘部分，需要我们进行塑形处理。

➡ 借助一块纯棉抹布，先把皮背边缘擦湿。

➡ 由于不需要大面积的塑型，这里我们只采取部分湿皮处理。湿润度非常重要，太干不易折叠，过分湿润会给皮料留下水印痕迹，为了更加安全操作，这里我们仅需要重点反复涂抹皮背边缘。感觉皮边缘比较容易弯曲，而皮面又不会有水渗透的痕迹即可。

小知识　植鞣革皮料由于其亲水性，能够吸纳大量的水，并在充分湿润后可以比较容易捏造出不同的造型，在自然风干后，其造型能够保持固定不变。这是手工皮革上比较独特的塑形工艺。

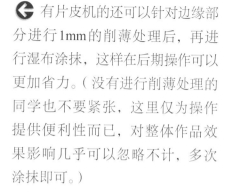
有片皮机的还可以针对边缘部分进行1mm的削薄处理后，再进行湿布涂抹，这样在后期操作可以更加省力。（没有进行削薄处理的同学也不要紧张，这里仅为操作提供便利性而已，对整体作品效果影响几乎可以忽略不计，多次涂抹即可。）

湿皮处理后，还需要在角落转弯处，切割出2～3个小三角形，以便于折叠弯曲，注意小三角定点不可超过间距规画的线迹。

→ 沿着间距规的线迹作为参考，用手把皮向内方向折叠。

→ 粗折叠一次，效果还没很好地保持皮边缘竖立90°，这时候我们就需要多次操作。

→ 为了巩固效果，采用平口钳子再进行皮面180度压平，或者以小皮锤进行轻轻敲打。

→ 直至塑形完毕。观察皮边缘都呈现90°的塑形状态后，便可以放置阴凉通风处等待干燥。

由于皮料湿水后非常脆弱，切忌放到太阳底下暴晒或者采用电热吹风机吹干水分，这样操作后，皮料原本富含的油脂会迅速跑掉，整个皮面变得干硬并容易开裂；采用自然风干的效果，是最大限度能保护皮料的油脂和纤维活性的。

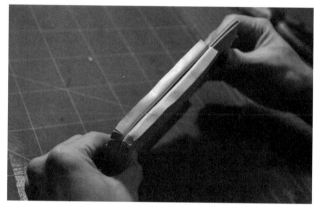

◀ 检查两块皮档尺寸是否一致，尺寸无误后，便可和皮挡条进行粘合组合。如发现尺寸明显不一，则需要重复湿润再塑形处理，直到两块皮侧面档完全一致方可进行下一步。

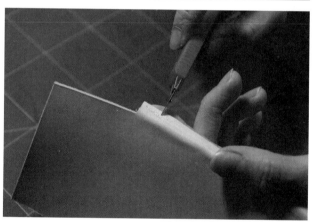

◀ 粘合前，为了保证边缘的结实，还需要用小刀刮花皮边缘，以加强粘合力度。

◀ 皮档条也需要在其中一侧（5mm距离）同样刮花处理。

😊 这里采用环保速干白胶，会比较好操作。

😊 粘合时候需要观察注意，是皮面对齐皮面的，肉眼平视，看到的总是皮面的一侧，若见到皮背，那是方向弄反了，需要及时调整。

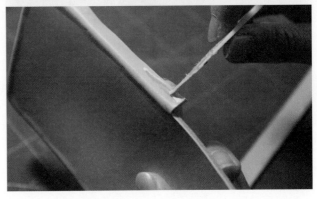

← 反面处也同样，只看到皮背部分。

← 粘合时候注意皮条边缘要对齐，从其中一端开始粘合。

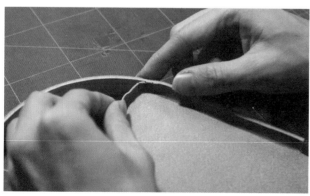

← 弯曲位置需要更加注意拉紧，之前切割的小三角形这里起了很大帮助作用，自然形成弯曲面。

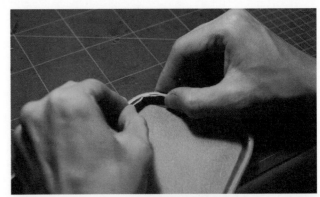

➜ 最后为了加固，还需要用平口钳子进行加压处理（没有的也可以用普通铁钳子，只是会压出一些锯齿印）。

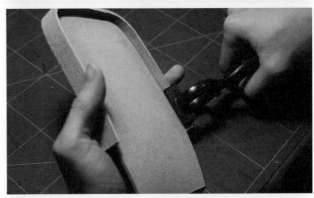

➜ 制作完毕后，整体边缘应该平整不突出。塑形效果也立刻出来了。

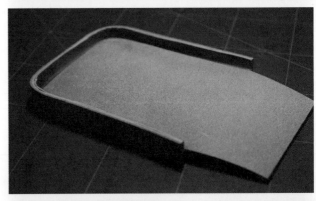

➜ 最后还需要再次重复检查两个包档是否大小一致，是否需要调整。确定无误后，便可以缝线固定。

在皮背内侧，划出5mm参考线。

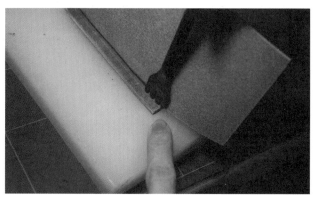

这里打孔会比较费劲，而且不能着力拔出菱斩，需要时刻预防粘好的皮条开裂。请大家谨慎操作，缓慢打孔。

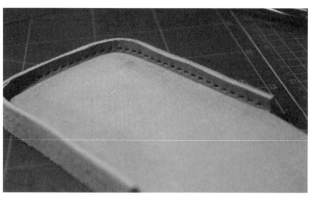

全部孔径处理完毕。

➔ 缝制时候，第一针也是需要重复加固处理，然后以双针法全部缝制完毕即可。

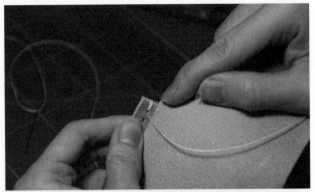

➔ 缝制完毕后的包档就正式成为结实的独立组件，即使用力掰开，塑形结构还是清晰可见的。

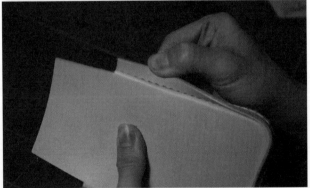

 **2. 挂耳的制作和组合**

➔ 这里用到的是纯铜的方扣（内径为2cm）作为链接组件，裁出两块10cm×2cm的皮条即可。

进行边缘抛光磨边处理。

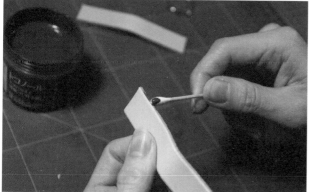

涂抹胶水后就可以穿进铜环并
粘合两端。

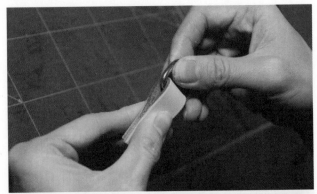

➡ 注意边缘对贴整齐。

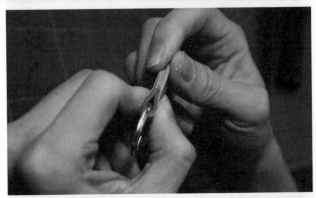

➡ 为了方便后期处理，皮条尺寸我们预留大了，目的是留出多余位置以制作圆弧底部。

➡ 距离4cm位置画出直径20mm的圆，并切割打磨。

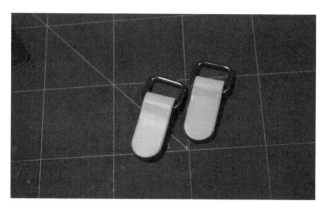

← 单独的挂耳进行划线打孔。

← 摆放在包档居中位置，注意金属环顶部不要超越包档位塑形边缘即可。这个位置大家可以根据美观自我进行量度。

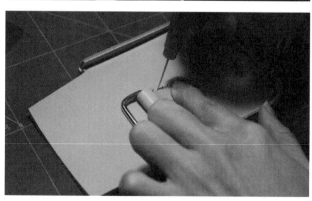

← 采用锥子，一个个孔径进行定位。然后扎出需要缝线的孔径。

➔ 马骦老师个人习惯，在挂耳的两边再多打两个小孔，以方便往外绕线，以更加结实耐用。

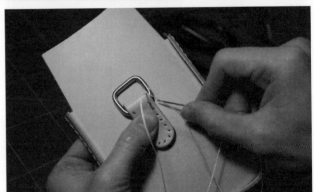

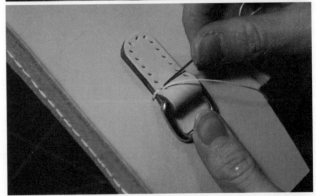

➔ 依次缝制即可。

這樣便完成了包掛耳和側面檔位的組合，等待與包身組合。

### 3. 包身與包蓋的組合

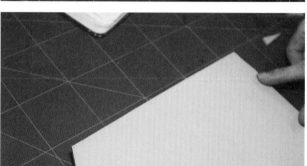

根據版型製作出包蓋組件。

組合前先進行削邊拋光處理。

→ 为了保持结实美观，连接处我们采用的是双线迹打孔和缝制。

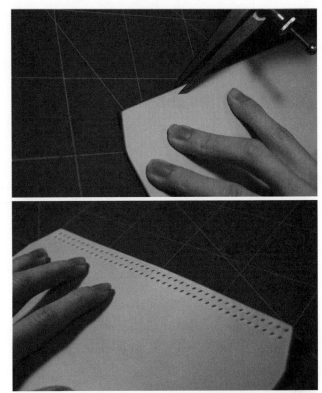

→ 在包身找出3cm辅助参考线，把打孔处理好的包盖边缘对准参考线后固定。

← 以锥子手工定位出每一个重复
孔径，并打孔。

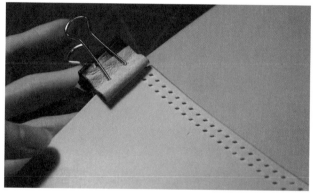

← 为防制作过程中皮件移动，我
们可以借助大号的燕尾夹子在两端
加固后操作。

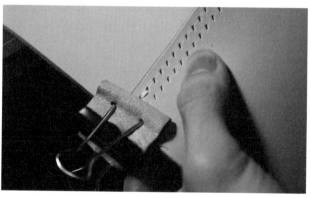

← 起针重复两针。

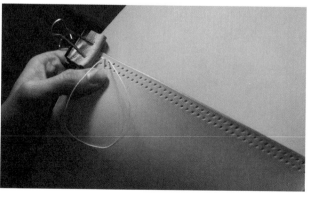

← 依次缝制完毕即可。

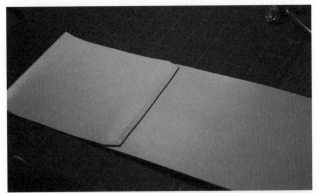

➡ 收针时候，注意保持线尾在皮背，方可进行断线烧结，目的也是为了保持外部的美观统一。

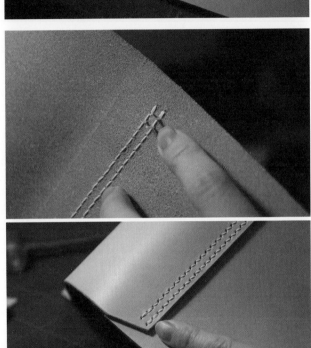

## 4. 安装磁吸

➡ 距离顶部边缘9cm位置定出磁吸扣位。

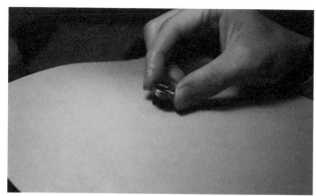

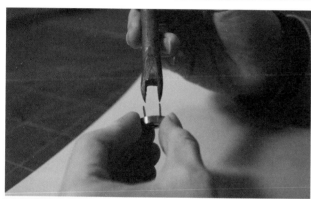

这里我们接触的是大号的磁吸工具进行打孔。没有的也可以采用小1字冲子或者锥子扎穿。目的是为了在皮面上制作出适合磁吸底脚的孔径而已。

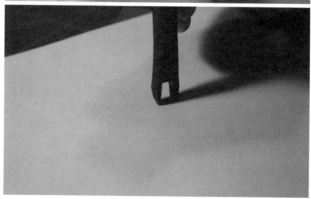

定位的圆点需要和磁吸圆心对齐，而非底脚。

 如此便可以把磁吸直插进去。有的同学可能会疑惑，这个两脚底腿方向应该朝向哪边，如何衡量标准。其实只要保持磁吸的圆形在9cm定位处即可，磁吸底脚方向可以随意定夺。

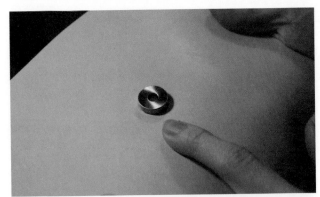

 背面加装垫片后，用锤子把压腿敲平即可。

为了以防金属刮包内物品，我们还可以贴上一块猪皮（其实有内衬袋子也起了一个非常好的保护作用，加上猪皮就更加完美了）。

最后在包身两侧位置打出准备和包档缝制的孔径，便可进行下一步组合工序。

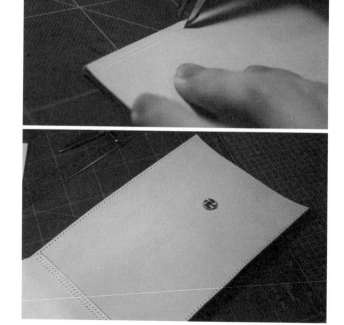

## 5. 内袋的制作和组合

　　随身小包，总不可以避免需要装载一些钥匙手机等杂物，于是为了增加包的收纳分类，我们还可以增加制作一份简易内袋。内袋基本结构与第一节的零钱包非常相似，唯选料和大小进行了个性的修改。这里内袋设计的用途是存放手机，所以宽度和厚度皆以能容纳市面大部分手机位标准。成品尺寸为18cm×9cm。

➲ 按照纸型裁剪出尺寸后，根据参考线进行折边处理。

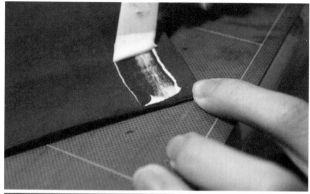

⬅ 上胶水后便可以借助平口钳子进行加压巩固。

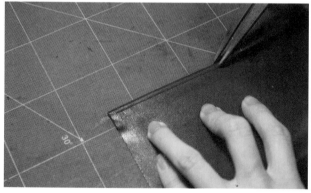

⬅ 袋口需要缝制一条装饰线，同时加强皮革牢固程度。画出间距参考线，准备打孔。

⬅ 值得注意的是，头尾两端都需要预留大概7mm宽度，不能一口气全部打孔，目的是为了留位置给两侧缝线的距离。不然就存在交叉打孔的线迹了。

➡️ 从折边位一直涂胶水至另外一端的参考线处。

➡️ 整齐对贴。

➡️ 形成了一个简易的内袋外形。大家可以根据自身实际需要用而调整内袋大小。

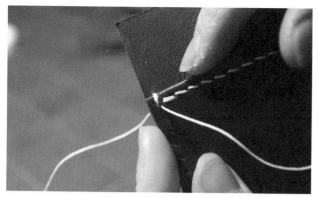

← 缝制两侧时候，刚才预留的空隙就可以刚好和两侧线迹组合起来，比较美观。第一针依旧采取加固两针的手法处理。

← 完整内袋一览。此尺寸可存放手机或短钱包。

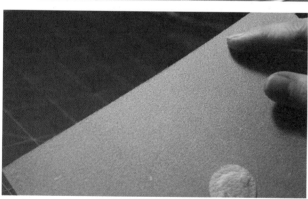

← 内袋制作完毕后和包身的组合，选择在带磁扣的一面。这样目的是为了更好地屏蔽磁吸背面带来的瑕疵，令整体作品更加一体化。

← 居中粘合后便可以打孔缝线。

→ 缝制时依然要仔细。

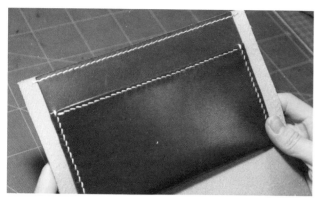

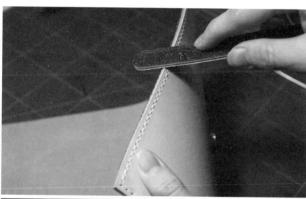

⬅ 制作完毕。

⬅ 最后再打磨细节和边缘抛亮上色即可。

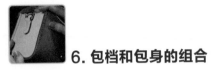

## 6. 包档和包身的组合

➡ 取出其中一块包档，在缝线外侧涂胶。

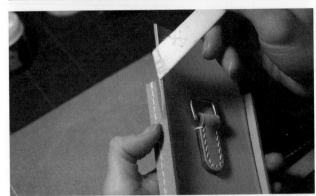

➡ 包身上胶比较简单，直接在两旁孔径位置均匀涂抹便可。

➡ 粘合时候注意，以包的正面端点为起点，沿着边缘逐渐往下粘合，注意边缘要对贴整齐。

（细节图）

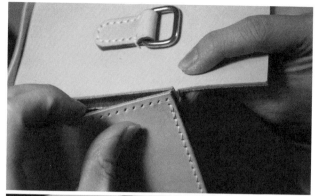

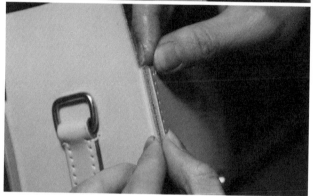

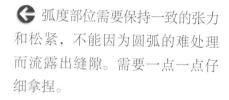弧度部位需要保持一致的张力和松紧，不能因为圆弧的难处理而流露出缝隙。需要一点一点仔细拿捏。

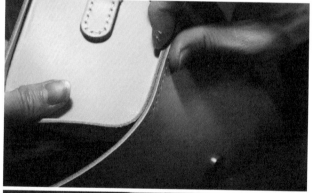

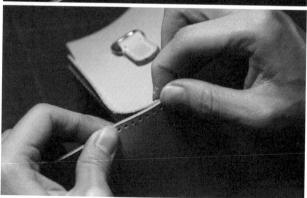

➡ 再采用平口钳子进行二次加压巩固便可。

➡ 操作另外一边档位的时候，为了预防制作过程中导致脱胶开裂，这里先用燕尾夹把容易开脱的两侧起点加固。

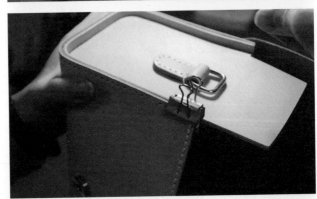

➡ 由于整合了一面档位，另外一边的上胶就变得立体化了，这个过程在日后制作各种大包时候经常遇到，对上胶水技巧要求有所提升。

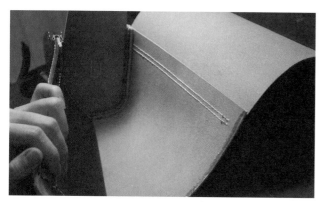

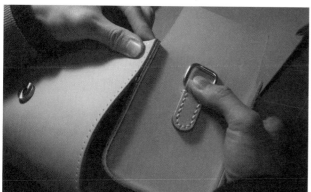

 同样的手法进行粘合处理。

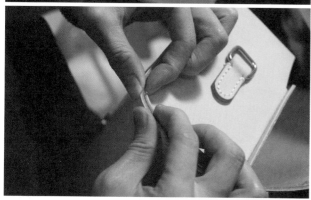

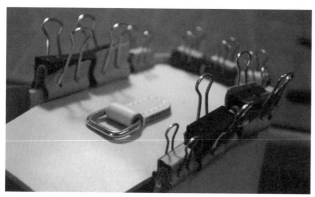

由于胶水10分钟左右才能达到最大效用。一般这个时候马骉老师都会动用大大小小的燕尾夹，把全部需要固定的位置加压。

→ 胶水完全干燥后就可以进行打孔制作。这里边线器距离需要量度出和包身一致的边距。

→ 沿着包档内侧缓慢划线。

→ 这里的打孔就不能采用菱斩这些比较省力的工具了，由于立体结构，没有一个统一均衡受力点，一般我们采用锥子进行穿孔处理。这里马骊老师用的是日本细目菱锥，比较锋利而且和菱斩孔径是一致的，不会造成圆孔或者撑大。

→ 需要注意锥子出口处必须位于刚刚绘制的边距线上，否则线迹将不一。

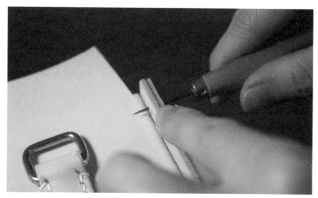

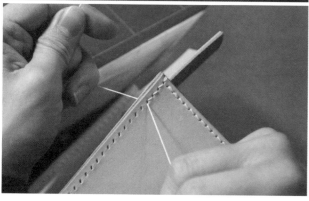

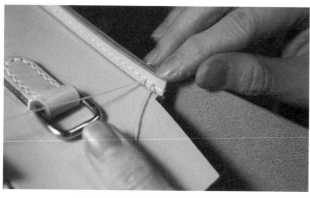

⬅ 同时，扎孔的时候，锥子也需要保持垂直，不能弯曲，这一过程由于极其枯燥和烦闷，另外还带有一定的危险性，所以切记需要心平气和地一针一针处理。这也是高质量的手工制品价值所在。

⬅ 检查基本没有什么明显错误，孔径一致，达到穿透整齐，那么便开始缝制吧。

⬅ 收针同样藏在不易看到的皮边缘位置。

➡ 这样一个略带塑形效果的皮包
侧面便缝制完毕了。

➡ 制作粘合时候谨慎地对齐，给
后期的打磨省了不少的工夫。

➡ 打磨上色抛光完毕。以同样的
手法完成另外一面包档吧。

➡ 整体包型已经呼之欲出，千万
不要着急，还有盖子和带子的尺寸
计算。最后一步必须保持更加细
心，一旦失败了就前功尽弃。

## 7. 制作包带扣

包带制作非常简单，只需要根据版型裁剪好相对应的皮条皆可。处理重点在于包带底部。这里采用的是装饰针扣+磁吸开合方式。

温馨提示：包带的宽度是根据针扣的内径决定的。在更换扣子后，可以保持长度不变，宽度相应增加即可。

← 在针扣底部皮条上量出中间位置，两头各用圆冲打出孔径，圆冲直径需要和针扣直径略小1mm或者保持一致。

← 然后再用一字冲冲压出上下两道轨迹即可。把针扣套入去检测是否能够顺利开合，若有所阻碍便需要再度调整。

→ 包扣穿进去后，捏紧皮条，借助直尺画出固定线迹。然后把包扣脱出来，在平面上采用菱斩进行两端打孔。

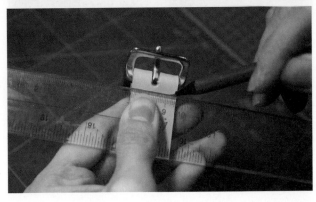

← 缝制时候第一针要包紧至皮带外，目的是锁紧针扣。

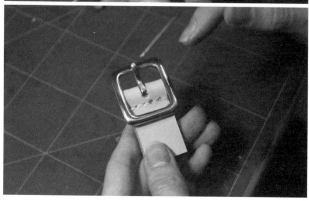

← 缝制完毕后，再皮背涂胶巩固即可。

→ 由于皮面舌扣带子结构简单，这里就不再重复展开，大家根据纸型制作即可。取出已制作打磨好的皮面带舌组件，把制作完毕的底扣与其组合。

有同学可能奇怪，这样就制作完底扣了？似乎还有一些没完成呢。这是对的，我们这里的初次组合只是为了找出安装磁吸的最佳位置。别急跟着一起来。

→ 安装组合完毕的带扣完全照。

→ 由于纸型已经给了比较精准的组合位置，我们只需要把带扣和包盖相关孔径校对整齐即可。这里我们采用的是纯铜螺丝钉，借助一字螺丝刀就可以轻松完成了。扭螺丝时候，可以粘上一些胶水，以保证日后结实不易脱落。

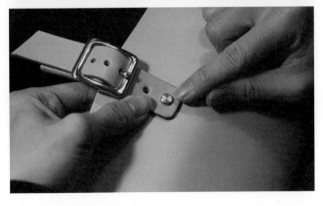

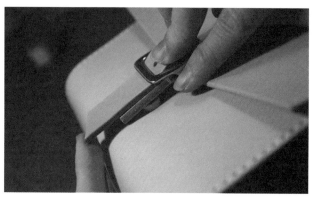

初步调试。

由于皮子具有一定的伸缩性，所以一般这样的磁吸扣都是采取先固定底部，后根据皮面延伸而定位的。这样的好处就是，扣子是完全根据皮性去定夺最佳位置，在日常使用中会开合非常顺手，达到自然闭合。

找出最佳合盖子的受力点。在带舌底部进行标记。

标记圆心。

➜ 把磁吸子扣安装上去。

➜ 垫上底片后敲压固定。

➜ 这样便完成了外观是针扣，实际磁吸开合的方便设计。

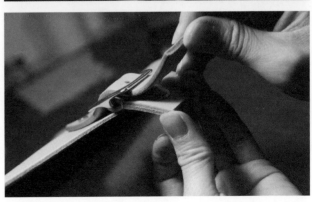

TIPS 这里马骝老师建议大家磁吸一定要采用强磁性质的，价格稍微会贵一点，但是在防盗和安全性上都起到很好的保护作用，不会走着走着，啪的一下包自动弹开盖子了。

## 8. 制作包带

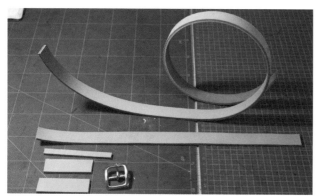

◀ 由于包带组件过长，在图纸内没有给绘制出1:1尺量图，鉴于结构简单，马骝老师相信大家可以自行裁出对应的组件的。分别有：100cm长皮一条，28cm短皮一条，两块6cm的链接皮和1cm宽度的小皮一条。

◀ 长皮带的切割可以借助皮带切割器。比较方便操作。

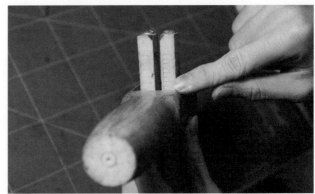

调整切割内径为25mm,于即将要安装的皮带扣内径保持一致。

设置好宽度，拉到底部即可出对已的皮条组件。

← 连接皮件的处理，我们在距离边缘位，用半圆冲子在两端打出对应弧度（25mm）。

← 注意，这制作完毕的圆弧皮件总长度是5cm的，这是由于部分皮料被裁切走了，原本定的6cm尺寸就是预留了的尺寸。

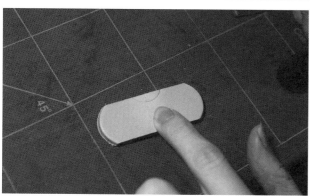

← 为了美观，再在中间冲压出小小的弧度。

← 制作成功。

➡️ 取出短皮带组件，在5cm处以带扣底部制作方法，制作出适合的凹槽。

➡️ 然后安装打孔缝制。

➡️ 这便是短肩带的组件一览。

### 9. 制作皮环

➡️ 取出长皮带和短肩带，重叠其中一端摆放整齐。

把1cm宽的短小皮件紧贴绕一圈，找出最短的固定位置。

把多余的皮料切除。

在皮件的两端打孔。

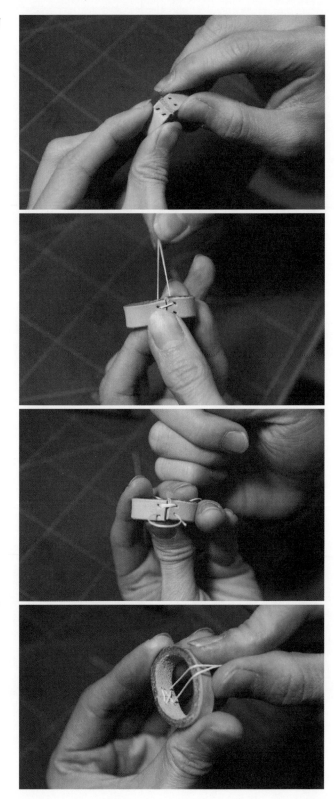

➡️ 弯曲起来后以多次重复双针的
手法进行缝制。

 最后收尾需要两端线进行打结。

 烧结完毕即完成了皮环的制作。

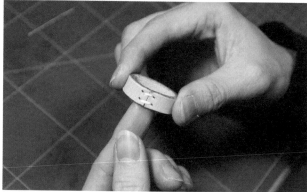

## 10. 组合肩带

➜ 取出短皮带条，皮环和其中一个连接皮件进行组合。

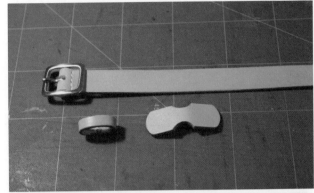

➜ 居中在两端打孔，预留上螺丝的位置孔径。

➜ 把皮环插入短肩带处。

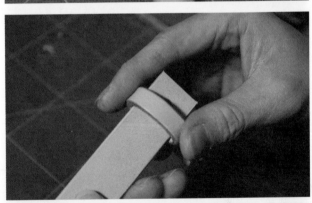

➜ 把连接皮件插入包身挂耳铜方扣内。

注意挂耳要和长带子对接整齐。

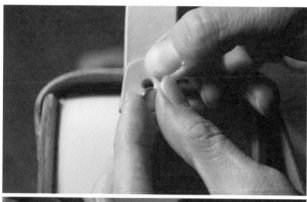

把纯铜螺丝安放在对接孔中，并扭紧加固。

这样，左边的短肩带便和包身连接起来了。为了让螺丝更加结实，大家可以在螺丝孔内滴一滴固化胶，固定金属组件不轻易脱落。

➡️ 右边的长皮条肩带采用同样的手法进行安装。

➡️ 根据背包主人的身高和喜爱，在长肩带上打出适合的孔径。马骝老师这里仅打了一个孔，如有需要调节长度的，可以相隔3cm的距离，在中心孔两侧各打3、4个孔，这样的肩带便可以不断调节长度适应不同人使用。

完成!

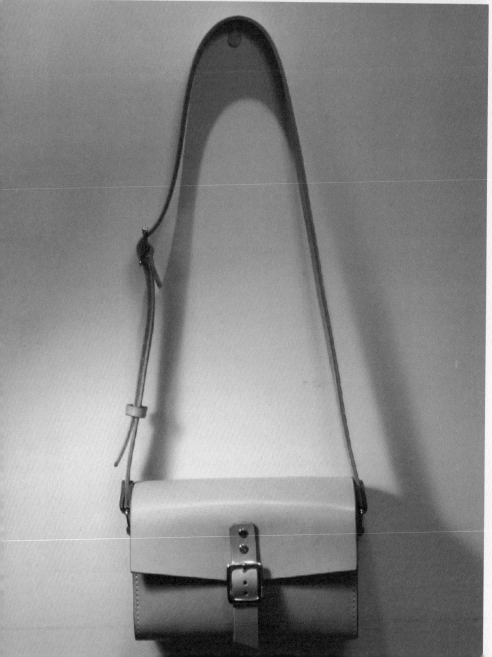

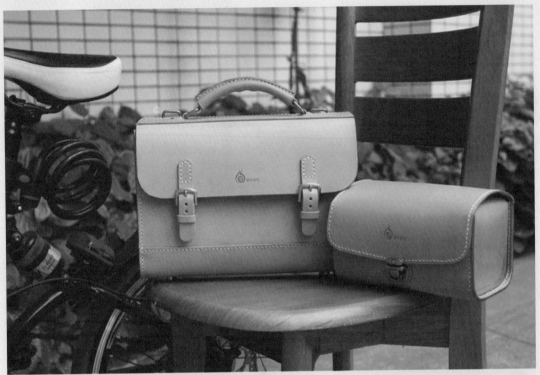

　　至此，本书的课程也基本结束。有小伙伴问我，马骝老师你为什么不一本书里面有很多种东西，皮带、钥匙扣装饰、小玩意什么的，这样看起来内容丰富好多哦。我问他们，那看完这些书本，你对如何制作，日后创新有什么体会么？好像没有，感觉好像只能看着书本去做一模一样的东西。

　　这便是我编写此书章节的缘故了。马骝老师希望，这不仅仅是一本教导大家怎么学习皮革制作的书本，如果可以，能够带给大家掌握一种技巧的能力，一种可以根据自己喜好而不断变化进步的拓展，哪怕只有一少部分人，那我写的这些就都派上用场了。在设计章节的时候，从简到深，从平面化到立体化，一步一个脚印。可以毫不夸张地说，基本已经把马骝老师90%的本领都学完了。

　　不过要是全部学会了，充其量也不过是第二个马骝，第三个；模仿他人是没有任何成就感的！当了全职匠人这些年，我深深体会到，只有做出自己内心的满足，你才会找到归属感。所以我每一章除了最基础的技法，都尽量以拓展为目标。

　　谢谢大家，并祝福大家在玩皮的路上越走越远，创出更多风格。